C++那些事

程克非　张　兴　崔晓通　秦蔚蓉　著

科学出版社

北　京

内容简介

C++是一种集过程化程序设计、面向对象程序设计于一体的编程语言，是对C语言的继承。全书共4章，以通俗易懂的语言和丰富的实例分别介绍了C++的开发环境、语言特性、新的变化和项目实战。开发环境主要介绍了编译环境的构建和集成开发环境；语言特性则从C++中的四大特性说起，分析了虚指针、虚函数、字节序与对齐和操作符重载等；新的变化部分以丰富的代码样例对C++11标准的演进作了详细阐述；项目实践则结合高铁/动车模拟抢票系统，讲述实际开发的整体流程。书中所有知识点均给出了代码实例和详细注释，读者可以轻松领会C++的强大功能，快速提高开发能力。

本书适用于有一定程序设计基础的读者进阶C++技能，尤其是有C++工作面试需要的读者，一定不要错过本书。

图书在版编目（CIP）数据

C++那些事 / 程克非等著. —北京：科学出版社，2024.1

ISBN 978-7-03-076243-6

Ⅰ. ①C… Ⅱ. ①程… Ⅲ. ①C++语言－程序设计 Ⅳ. ①TP312.8

中国国家版本馆CIP数据核字（2024）第160111号

责任编辑：孟　锐 / 责任校对：彭　映
责任印制：罗　科 / 封面设计：墨创文化

科学出版社出版
北京东黄城根北街16号
邮政编码：100717
http://www.sciencep.com
成都锦瑞印刷有限责任公司印刷
科学出版社发行　各地新华书店经销

*

2024年1月第　一　版　开本：B5（720 × 1000）
2024年1月第一次印刷　印张：10 1/2
字数：215 000

定价：88.00元

（如有印装质量问题，我社负责调换）

前　言

C++语言从 1983 年诞生之日至今，已经历了四十年。C++是对 C 语言的继承，它既可以进行 C 语言的过程化程序设计，又可以进行以抽象数据类型为特点的基于对象的程序设计，还可以进行以继承和多态为特点的面向对象的程序设计。C++擅长面向对象程序设计的同时，还可以进行基于过程的程序设计，因而 C++就适应的问题规模而论，大小由之。

C++不仅拥有计算机高效运行的实用性特征，同时还致力于提高大规模程序的编程质量与程序设计语言的问题描述能力。

本书以作者多年的 C++教学经历和工作面试时遇到的一些问题入手，对该语言的应用和开发展开介绍。本书由 4 个部分构成，包括工具、语言特性、新的变化和项目实战。

工具主要分析编译环境的构建和集成开发环境；语言特性则对 C++中的四大特性进行讲述，分析虚指针、虚函数、字节序与对齐和重载等；新的变化分析了 C++11 标准的一些新变化；项目实战以一个小型开发任务介绍 C++语言的综合应用。

本书中文字的输入、图的绘制及对书中测试样例进行上机验证的工作是由程克非、张兴、崔晓通、秦蔚蓉等完成的；本书的编写得到了重庆邮电大学网络智能与网络技术重点实验室、研究生院等部门的大力支持，在此向他们表示诚挚的谢意。

由于作者水平有限，加之编写时间仓促，书中难免存在不妥之处，敬请广大读者批评指正。

目　录

第1章　工具那些事

1.1　编译器那些事

通常在开发中采用的编译器有 GCC、MSVC、Clang。MSVC 通常编译 Windows 应用，GCC/Clang 则可以编译 Windows、Linux、MacOS 等平台应用。在本书中的所有代码都是基于 Linux 环境中的 GCC 4.8.5 版本编写的，如果软件版本低于 4.8.5，请更新 GCC 版本或者下载最新版本。接下来，将介绍在 Windows、Linux 与 MacOS 平台上安装 GCC 编译器。

1.1.1　Windows 上的 GCC

在 Windows 上使用 GCC，需要安装 MinGW。MinGW 的全称是 Minimalist GNU on Windows。目前，MinGW 已经停止更新，内置的 GCC 版本比较旧，而且只能编译生成 32 位可执行程序，MinGW 则可以编译生成 64 位、32 位可执行程序，并且 GCC 版本还在更新中。MinGW-W64 下载如图 1.1 所示。

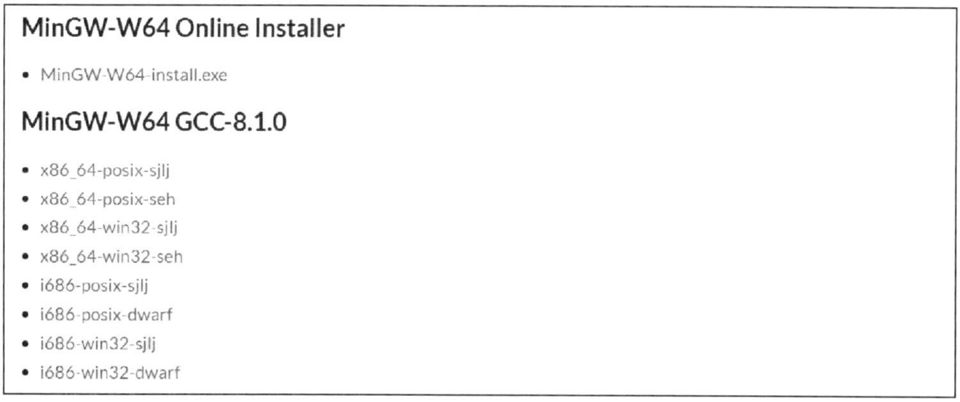

MinGW-W64 Online Installer

- MinGW-W64-install.exe

MinGW-W64 GCC-8.1.0

- x86_64-posix-sjlj
- x86_64-posix-seh
- x86_64-win32-sjlj
- x86_64-win32-seh
- i686-posix-sjlj
- i686-posix-dwarf
- i686-win32-sjlj
- i686-win32-dwarf

图 1.1　MinGW-W64 下载

这里推荐采用 posix 版本的 MinGW，在 posix 版本中启用了 C++11 多线程特性，这样下载完毕后是一个压缩包，解压后有如图 1.2 所示的多个文件。当然也可以选择 Online Installer 版本，这样下载的是.exe 程序，一步步安装即可。

bin	2020/3/11 8:46	文件夹	
etc	2020/3/11 8:46	文件夹	
include	2020/3/11 8:46	文件夹	
lib	2020/3/11 8:46	文件夹	
libexec	2020/3/11 8:46	文件夹	
licenses	2020/3/11 8:46	文件夹	
opt	2020/3/11 8:47	文件夹	
share	2020/3/11 8:47	文件夹	
x86_64-w64-mingw32	2020/3/11 8:47	文件夹	
build-info.txt	2018/5/12 15:29	文本文档	49 KB

图 1.2　MinGW-W64 文件

接下来便是将上述文件夹添加到环境变量中，如图 1.3 所示，首先右击“此电脑”，选择“属性”选项，执行“高级系统设置”→“环境变量”→“系统变量”→Path→“新建”命令，并在新建的环境变量中输入 F:\mingw64\bin，对应于图 1.2 中 bin 目录，单击“确定”按钮即可。

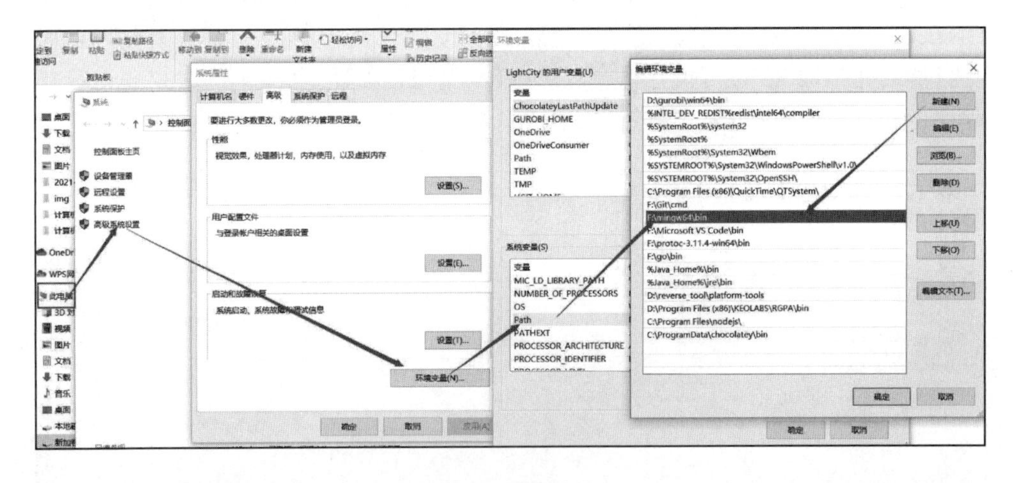

图 1.3　环境变量

最后，测试 GCC 环境，打开命令提示符，输入“gcc-v”便可以看到如图 1.4 所示的输出，则表示安装成功。

MinGW-W64 下载地址 1：https://www.mingw-w64.org/downloads/。

下载地址 2：https://sourceforge.net/projects/mingw-w64/files/。

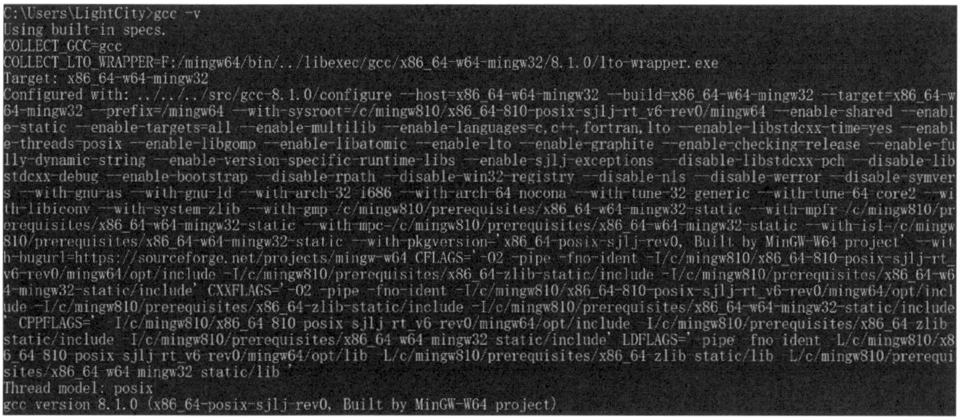

```
C:\Users\LightCity>gcc -v
Using built-in specs.
COLLECT_GCC=gcc
COLLECT_LTO_WRAPPER=F:/mingw64/bin/../libexec/gcc/x86_64-w64-mingw32/8.1.0/lto-wrapper.exe
Target: x86_64-w64-mingw32
Configured with: ../../../src/gcc-8.1.0/configure --host=x86_64-w64-mingw32 --build=x86_64-w64-mingw32 --target=x86_64-w
64-mingw32 --prefix=/mingw64 --with-sysroot=/c/mingw810/x86_64-810-posix-sjlj-rt_v6-rev0/mingw64 --enable-shared --enabl
e-static --enable-targets=all --enable-multilib --enable-languages=c,c++,fortran,lto --enable-libstdcxx-time=yes --enabl
e-threads=posix --enable-libgomp --enable-libatomic --enable-lto --enable-graphite --enable-checking=release --enable-fu
lly-dynamic-string --enable-version-specific-runtime-libs --enable-sjlj-exceptions --disable-libstdcxx-pch --disable-lib
stdcxx-debug --enable-bootstrap --disable-rpath --disable-win32-registry --disable-nls --disable-werror --disable-symver
s --with-gnu-as --with-gnu-ld --with-arch-32=i686 --with-arch-64=nocona --with-tune-32=generic --with-tune-64=core2 --wi
th-libiconv --with-system-zlib --with-gmp=/c/mingw810/prerequisites/x86_64-w64-mingw32-static --with-mpfr=/c/mingw810/pr
erequisites/x86_64-w64-mingw32-static --with-mpc=/c/mingw810/prerequisites/x86_64-w64-mingw32-static --with-isl=/c/mingw
810/prerequisites/x86_64-w64-mingw32-static --with-pkgversion='x86_64-posix-sjlj-rev0, Built by MinGW-W64 project' --wit
h-bugurl=https://sourceforge.net/projects/mingw-w64 CFLAGS='-O2 -pipe -fno-ident -I/c/mingw810/x86_64-810-posix-sjlj-rt_
v6-rev0/mingw64/opt/include -I/c/mingw810/prerequisites/x86_64-zlib-static/include -I/c/mingw810/prerequisites/x86_64-w6
4-mingw32-static/include' CXXFLAGS='-O2 -pipe -fno-ident -I/c/mingw810/x86_64-810-posix-sjlj-rt_v6-rev0/mingw64/opt/incl
ude -I/c/mingw810/prerequisites/x86_64-zlib-static/include -I/c/mingw810/prerequisites/x86_64-w64-mingw32-static/include
' CPPFLAGS=' -I/c/mingw810/x86_64-810-posix-sjlj-rt_v6-rev0/mingw64/opt/include -I/c/mingw810/prerequisites/x86_64-zlib-
static/include -I/c/mingw810/prerequisites/x86_64-w64-mingw32-static/include' LDFLAGS='-pipe -fno-ident -L/c/mingw810/x8
6_64-810-posix-sjlj-rt_v6-rev0/mingw64/opt/lib -L/c/mingw810/prerequisites/x86_64-zlib-static/lib -L/c/mingw810/prerequi
sites/x86_64-w64-mingw32-static/lib '
Thread model: posix
gcc version 8.1.0 (x86_64-posix-sjlj-rev0, Built by MinGW-W64 project)
```

图 1.4　MinGW-W64 测试

1.1.2　Linux 与 MacOS 安装 GCC

Linux 与 MacOS 均可以通过 GCC 源码编译进行安装，当然，CentOS 可以通过 yum 快捷安装，Ubuntu 通过 apt-get 快捷安装，而 MacOS 则可以通过 brew 安装，但是想下载更高版本的 GCC 需要更新源，因此这里采用源码安装方式统一 Linux 与 MacOS 的安装。

在本节下载地址中，可以进入对应版本的 gcc 文件夹，例如，gcc-4.8.5，在此文件夹中右击 gcc-4.8.5.tar.gz，复制链接地址，使用 wget 进行下载：http://gcc.gnu.org/pub/gcc/releases/gcc-4.8.5/gcc-4.8.5.tar.gz。

下载完毕之后，对 gcc-4.8.5.tar.gz 解压，并进行编译安装。

```
#解压
tar-zxvf gcc-4.8.5.tar.gz
#进入 gcc-4.8.5 目录
cd gcc-4.8.5
#假设安装 gcc 到/usr/local/gcc 文件夹里面
./configure--prefix=/usr/local/gcc
#编译并安装
make && make install
```

配置环境变量：

```
#打开文件
vim~/.bashrc
#最后一行添加下面内容
export PATH="/usr/local/gcc/gcc-4.8.5/bin: $PATH"
```

```
#更新环境变量
source ~/.bashrc
```

测试 gcc-v，如图 1.5 所示。

```
root@ir8ual:~# gcc -v
Using built-in specs.
COLLECT_GCC=gcc
COLLECT_LTO_WRAPPER=/usr/lib/gcc/x86_64-linux-gnu/4.8/lto-wrapper
Target: x86_64-linux-gnu
Configured with: ../src/configure -v --with-pkgversion='Ubuntu 4.8.5-4ubuntu8' --with-bugurl=file:///
usr/share/doc/gcc-4.8/README.Bugs --enable-languages=c,c++,go,d,fortran,objc,obj-c++ --prefix=/usr --
program-suffix=-4.8 --enable-shared --enable-linker-build-id --libexecdir=/usr/lib --without-included
-gettext --enable-threads=posix --with-gxx-include-dir=/usr/include/c++/4.8 --libdir=/usr/lib --enabl
e-nls --with-sysroot=/ --enable-clocale=gnu --enable-libstdcxx-debug --enable-libstdcxx-time=yes --en
able-gnu-unique-object --disable-libmudflap --enable-plugin --with-system-zlib --enable-objc-gc --ena
ble-multiarch --disable-werror --with-arch-32=i686 --with-abi=m64 --with-multilib-list=m32,m64,mx32 -
-with-tune=generic --enable-checking=release --build=x86_64-linux-gnu --host=x86_64-linux-gnu --targe
t=x86_64-linux-gnu
Thread model: posix
gcc version 4.8.5 (Ubuntu 4.8.5-4ubuntu8)
```

图 1.5　gcc 测试

GCC 源码下载地址：http://gcc.gnu.org/pub/gcc/releases/。

1.1.3　Linux 下安装 Windows 编译环境

Linux 可安装 Windows 的编译环境，对于 Ubuntu 环境，可以用命令 apt/apt-get install g++-mingw-w64-i686 g++mingw-w64-x86_64 完成 C++编译工具的安装，也可从官网 https://www.mingw-w64.org/downloads/中针对自己的发行版下载对应的安装包。如果有足够的时间和耐心，也可在用 git 下载源码后在本地编译安装，地址为 https://sourceforge.net/p/mingw-w64/mingw-w64/ci/master/tree/。

1.2　集成开发环境那些事

在本节将会带大家学习几种比较常见的集成开发环境，分别是 CLion、Visual Studio Code（简称 VSCode）、Jupyter Notebook。

其中，CLion 具有免配置、跨平台优势，但却收费，不过好在对于教育行业，如教师、学生等，可以通过申请获得免费使用权；对于想免费使用开发环境的朋友，可以使用 VSCode 与 Jupyter Notebook，这里比较建议使用 VSCode，而在 Windows 上不支持 Jupyter Notebook，就跨平台性而言，VSCode 与 CLion 要好很多，但在 Jupyter Notebook 上可以方便地执行每一步操作，像 Python 一样玩转 C++。所以，如果你是新手，建议使用 CLion，从免费与跨平台角度推荐使用 VSCode，如果习惯了 Jupyter Notebook 的用户，可以采用 Jupyter Notebook 开发 C/C++程序。

表 1.1 是对三者的汇总概述。

表 1.1　集成开发环境对比

集成开发环境名称	优点	缺点	适用人群
CLion	使用简单、免配置、跨平台	需要付费	开发大项目、零基础人群
VSCode	跨平台、免费、内存占用少	需要配置	开发大项目、具有一定配置基础的人群
Jupyter Notebook	免费、方便调试	不支持 Windows	开发小项目、具有一定配置基础的人群

当然，除了以上提到的三种，还有比较知名的 Visual Studio、Eclipse、Dev-C++等，选择一个适合自己的集成开发环境即可。

1.2.1　CLion

像 Python 的 PyCharm、Java 的 IDEA，在 C++里面则有 CLion。它们三个都属于 jetBrains 家族，下载下来即可使用，支持跨平台，免配置。缺点是需要付费，如果是学生或教师，那么可以在页面中获得免费许可。

特殊用户申请免费授权：https://www.jetbrains.com/zh-cn/community/education/#students。

1. CLion 下载

单击本节下载地址，即可获取 CLion，如图 1.6 所示，选择自己的操作系统，下载安装即可，安装过程就不赘述了，跟普通软件安装一样。

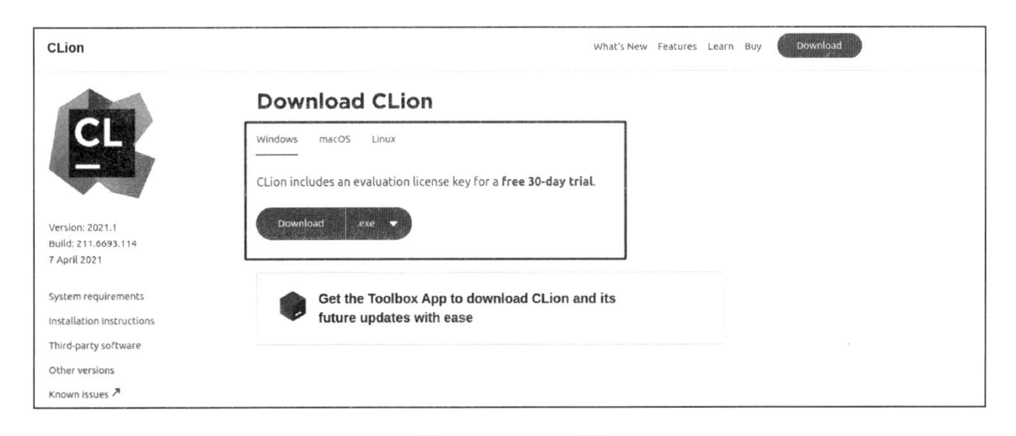

图 1.6　CLion 下载

下载地址：https://www.jetbrains.com/clion/download/#section=windows。

2. CLion 基本使用

在 CLion 中编写的项目以 CMakeLists 进行管理，如图 1.7 所示为一个含有 main.cpp 的 cmake 写法，在创建项目时会默认添加，当更新 cmake 内容时，需要重新加载才会更新当前项目。

图 1.7　CLion 使用

部分人对 cmake 写法不太熟悉，当再次添加一个 main1.cpp 文件时，怎么运行程序呢？

这里推荐一个插件 C/C++Single File Execution，当下载完毕该插件，使用时只需要在 xxx.cpp 文件中任意位置右击并选择 Add executable for single c/cpp file 选项（图 1.8），随后更新 CMakeLists.txt 即可运行当前文件（图 1.7）。

图 1.8　CLion 插件

如图 1.9 所示，单击 Reload changes 即可更新当前项目，而上一步的右击操作便是在 CMakeLists.txt 中添加了方框中的代码。

图 1.9　CMake 项目更新

最后，选择要运行的执行文件，并单击图 1.10 中箭头指向的按钮，便可以看到运行结果。

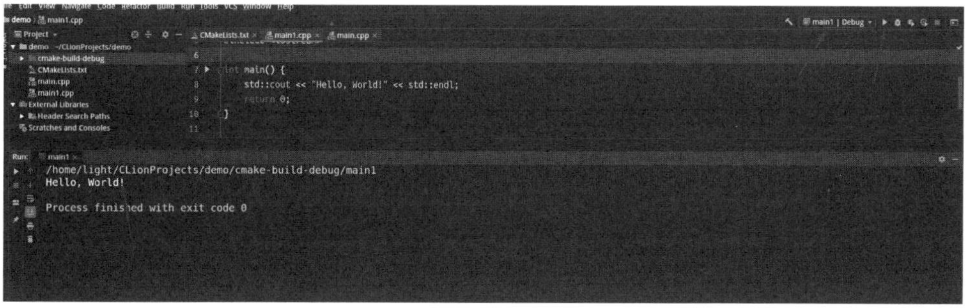

图 1.10　运行

1.2.2　VSCode

CLion 免配置，下载即用，但需付费，那有没有免费的呢？当然有，那就是 Visual Studio Code，VSCode 非常轻量，占用内存也比 CLion 少，同时也支持跨平台，但是缺点是需要做一些配置，如果你是极客，那么 VSCode 必然是你的最爱，如果你是新手，推荐你上手 CLion。

1. VSCode 下载

VSCode 的下载地址为 https://code.visualstudio.com/Download，根据自己的操作系统进行选择，如图 1.11 所示。

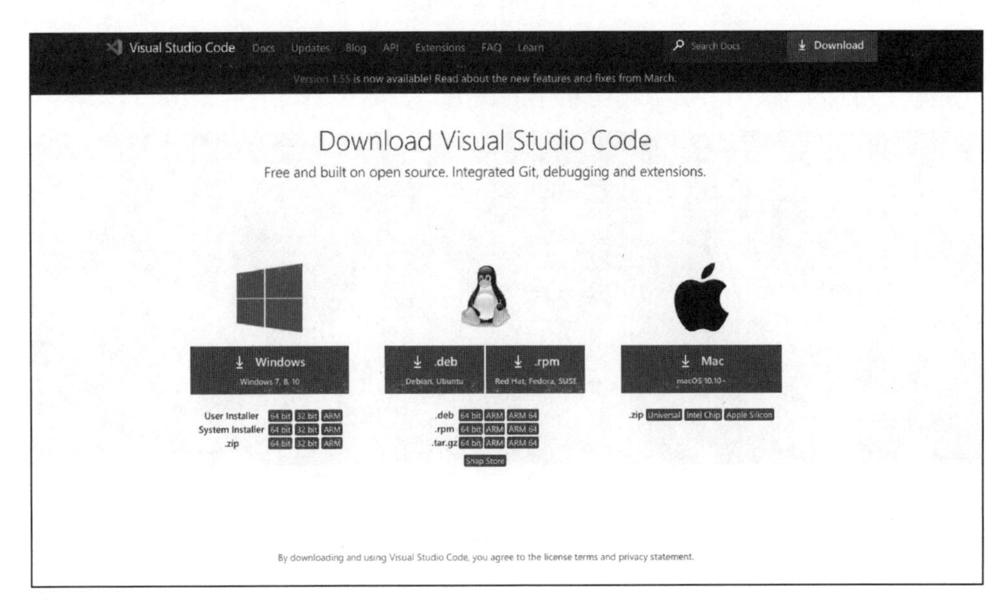

图 1.11　VSCode 下载

2. VSCode 使用

在 VSCode 中运行 C/C++，需要安装 C/C++插件，为了更方便地运行代码，可以再安装 Code Runner 插件，安装好 Code Runner 插件后，具体使用方式如图 1.12 所示。

（1）打开设置；

（2）打开文件；

（3）配置如下内容：

```
{
  "code-runner.executorMap":{
    "cpp":"cd $dir && g++$fileName-o $fileNameWithoutExt.
exe-Wall-g-std=c++11 && $dir$fileNameWithoutExt"
  },//设置 code runner 的命令行
}
```

配置完毕后，新建一个 cpp 文件，选择 Run Code 选项，如图 1.13 所示，便可以在终端看到输出。

1.2.3　Jupyter

在 Python 中，可以使用 Jupyter Notebook 直接看到结果，例如：

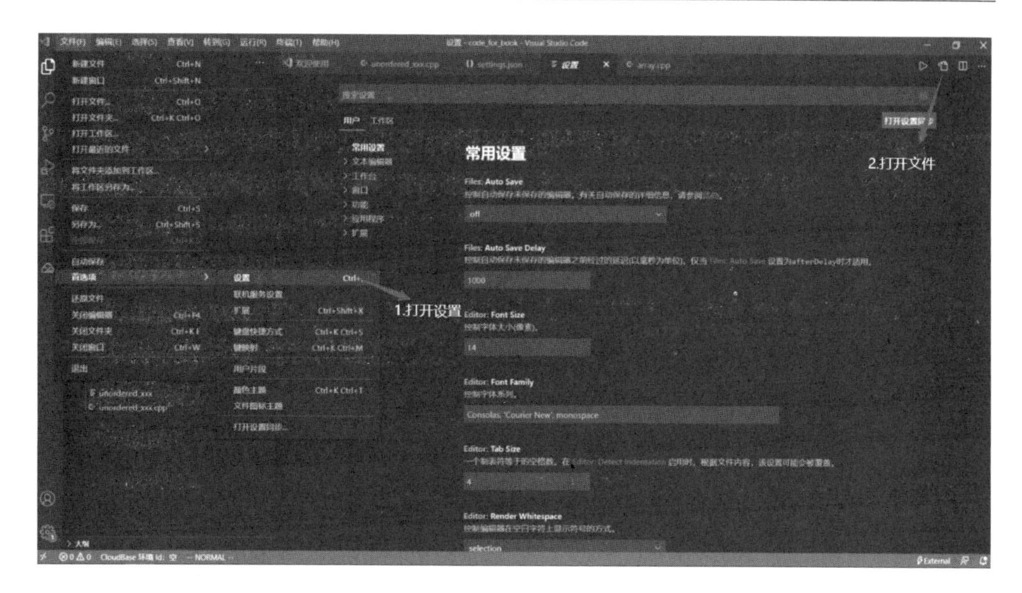

图 1.12　settings.json 文件位置

图 1.13　程序运行

```
l=[1,2]
l
```

直接输出：

```
[1,2]
```

那当使用 C++的时候，例如：

```
map<string,int>mp{
    {"one",1},
    {"two",2},
    {"three",3},
    {"four",4}
};
```

如果要输出，就得循环遍历，可否直接输出结果呢？

在 Jupyter Notebook 中可以达到这种效果，如图 1.14 所示。

```
In [1]: #include<iostream>
        #include<map>
        using namespace std;

In [2]: map<string, int> mp{
            {"one",   1},
            {"two",   2},
            {"three", 3},
            {"four",  4}
        };

In [3]: mp
Out[3]: { "four" => 4, "one" => 1, "three" => 3, "two" => 2 }

In [4]:  mp.insert({"four", 4});

In [5]: mp.find("four") == mp.end()
Out[5]: false
```

图 1.14　Jupyter Notebook 的使用

接下来就带大家在 Jupyter 中使用 C/C++，Jupyter 原生支持 Python，而要支持 C/C++则需要下载 xeus-cling，xeus-cling 是一个适用于 C++编程语言的 Jupyter 内核，它基于 C++解释器和 Jupyter 协议 xeus 原生实现。目前，支持 Mac 与 Linux，但不支持 Windows。

xeus-cling 下载地址：https://github.com/QuantStack/xeus-cling。

安装 Jupyter 之前，首先安装 Anaconda。

Anaconda 下载地址：https://www.anaconda.com/products/individual。

Anaconda 清华大学开源软件镜像站（简称清华源）下载地址：https://mirrors.tuna.tsinghua.edu.cn/anaconda/archive/。

由于 xeus-cling 不支持 Windows，这里就不介绍在 Windows 上安装 Anaconda，而在 Linux 与 Mac 上安装大同小异，这里就以 Linux 为例。

1. Linux 下安装 Anaconda

清华源地址下载要快一些，在清华源中找到以.sh 结尾的文件，如图 1.15 所示，第一个方框表示 Linux，第二个方框表示 Mac。

Anaconda3-2020.02-Windows-x86.exe	423.2 MiB	2020-03-12 00:04
Anaconda3-2020.02-Windows-x86_64.exe	466.3 MiB	2020-03-12 00:06
Anaconda3-2020.07-Linux-ppc64le.sh	290.4 MiB	2020-07-24 02:25
Anaconda3-2020.07-Linux-x86_64.sh	550.1 MiB	2020-07-24 02:25
Anaconda3-2020.07-MacOSX-x86_64.pkg	462.3 MiB	2020-07-24 02:25
Anaconda3-2020.07-MacOSX-x86_64.sh	454.1 MiB	2020-07-24 02:25
Anaconda3-2020.07-Windows-x86.exe	397.3 MiB	2020-07-24 02:25
Anaconda3-2020.07-Windows-x86_64.exe	467.5 MiB	2020-07-24 02:26
Anaconda3-2020.11-Linux-ppc64le.sh	278.9 MiB	2020-11-19 07:04
Anaconda3-2020.11-Linux-x86_64.sh	528.8 MiB	2020-11-19 07:04
Anaconda3-2020.11-MacOSX-x86_64.pkg	435.3 MiB	2020-11-19 07:04
Anaconda3-2020.11-MacOSX-x86_64.sh	427.8 MiB	2020-11-19 07:04
Anaconda3-2020.11-Windows-x86.exe	403.0 MiB	2020-11-19 07:04
Anaconda3-2020.11-Windows-x86_64.exe	457.2 MiB	2020-11-19 07:05

图 1.15　清华源下载

右击并复制链接地址，将内容粘贴到 wget 后面，便可以采用下面的命令下载文件，当然也可以直接单击对应的内容进行下载。

wget --user-agent="Mozilla/5.0" https://mirrors.tuna.tsinghua.edu.cn/anaconda/archive/Anaconda3-2020.11-Linux-x86_64.sh

下载完毕后，便可以开始安装了，输入：

```
bash Anaconda3-2020.11-Linux-x86_64.sh
```

安装过程中只须输入“Yes”并按“回车”即可（为 Linux 系统上的安装流程）。

2. Linux 下安装 xeus-cling

可以在 Anaconda 里面创建一个新的虚拟环境，也可以使用默认环境。

```
//创建一个名为 cling 的虚拟环境
conda create-n cling
//激活 cling 为当前环境
conda activate cling
```

随后，给新环境安装 jupyter notebook 和 xeus-cling 内核。

```
//conda 安装 jupyter notebook
conda install jupyter notebook
//conda 安装 xeus-cling
conda install xeus-cling-c conda-forge
```

安装完毕之后，查看当前 Jupyter 的内核：

```
jupyter kernelspec list
```

输出：

```
python3    /home/xxx/anaconda3/envs/cling/share/jupyter/kernels/python3
xcpp11     /home/xxx/anaconda3/envs/cling/share/jupyter/kernels/xcpp11
```

```
xcpp14     /home/xxx/anaconda3/envs/cling/share/jupyter/
kernels/xcpp14
xcpp17     /home/xxx/anaconda3/envs/cling/share/jupyter/
kernels/xcpp17
```

同时，终端输入 jupyter-notebook，在 Jupyter 页面上便可以看到很多 C++选项。

另外，还可以添加 C 内核，终端输入：

```
pip install jupyter-c-kernel
install_c_kernel
```

再次查看内核有哪些：

```
jupyter kernelspec list
```

输出：

```
c          /home/light/anaconda3/envs/cling/share/jupyter/
kernels/c
python3    /home/light/anaconda3/envs/cling/share/jupyter/
kernels/python3
xcpp11     /home/light/anaconda3/envs/cling/share/jupyter/
kernels/xcpp11
xcpp14     /home/light/anaconda3/envs/cling/share/jupyter/
kernels/xcpp14
xcpp17     /home/light/anaconda3/envs/cling/share/jupyter/
kernels/xcpp17
```

可以看到比上面多了一个 C 的配置行，创建一个文件时，选择对应的 C、C++11、C++14、C++17 即可，如图 1.16 所示。

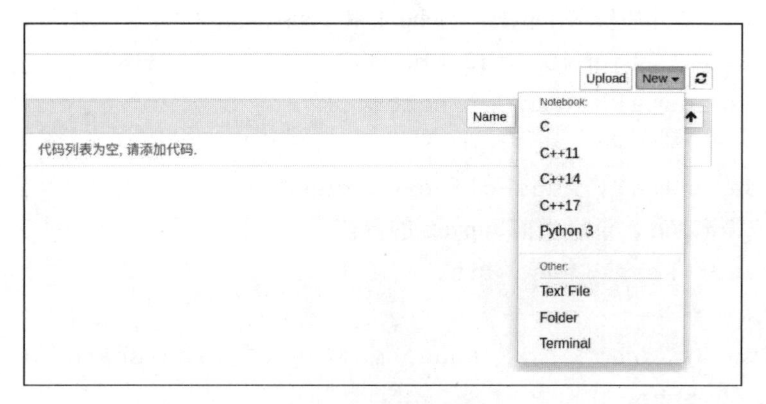

图 1.16　新建程序

至此，便可以像 Python 一样在 Jupyter 中流畅地写 C/C++代码。

1.2.4 Vim 环境

Vim 是程序员最喜爱的编辑器之一，Vim 是一个高度可配置的文本编辑器，旨在高效地创建和更改任何类型的文本。它作为“vi”包含在大多数 UNIX 系统和 MacOS X 系统中。在前述几种开发环境中，都可以采用 Vim 作为编辑器，甚至在 Android Studio 中，也可以采用 Vim 编辑代码。除此之外，Vim 也可以通过各种插件将其打造为一个强大的集成开发环境。Vim 非常稳定，并且正在不断开发以变得更好。

它的特点包括：

（1）持久的、多级撤销树；

（2）广泛的插件系统；

（3）支持数百种编程语言和文件格式；

（4）强大的搜索和替换功能；

（5）与许多工具集成；

（6）友好的键盘操作。

以下介绍两种插件：Doxygen 和 c-support。

1. Doxygen

为代码写注释是一个良好的习惯，好的代码有 50%可能是注释。编写 Doxygen 风格的注释更是可以通过 Doxygen 工具为代码自动生成帮助说明文档。DoxygenToolkit（https://github.com/vim-scripts/DoxygenToolkit.vim）就是这样的一个插件。Doxygen 插件可以用 Vundle 插件管理器来自动安装，首先安装 Vundle 到～/.vim/bundle 目录，如果目录不存在，就先创建。

（1）git clone https://github.com/VundleVim/Vundle.vim.git～/.vim/bundle/Vundle.vim。

（2）在～/.vimrc 中添加如下内容（按软件自带的说明，去掉注释）：

```
set nocompatible
filetype off
set rtp+=~/.vim/bundle/Vundle.vim
call vundle#begin()
Plugin 'VundleVim/Vundle.vim'
Plugin 'tpope/vim-fugitive'
Plugin 'file:///home/yourhome/path/to/plugin'
Plugin 'rstacruz/sparkup',{'rtp':'vim/'}
```

```
call vundle#end()
filetype plugin indent on
```

Vundle 支持多种形式的插件源，在其帮助中给出了示例。这些插件源包括 github 上的插件、http://vim-scripts.org/vim/scripts.html 上的插件、非 github 上的 git 插件、本地硬盘上的插件等。

也可直接下载 DoxygenToolkit.vim 后保存到～/.vim/plugin 中完成安装，不使用 Bundle，并跳过以下的第（3）步。

（3）打开 Vim，运行 PluginInstall 命令来自动安装插件，过程中有可能需要输入 github 用户名和密码。等待 Vundle 安装完成即可。

安装 Doxygen：在～/.vimrc 中的 Vundle 插件列表区域中添加 DoxygenToolkit 的源位置。

.vimrc 中 Vundle 区域如下：Plugin ‘vim-scripts/DoxygenToolkit.vim’。

保存后退出，再打开 Vim，运行 PluginInstall 命令安装 DoxygenToolkit 插件。

```
call vundle#begin()
Plugin 'VundleVim/Vundle.vim'
Plugin 'vim-scripts/DoxygenToolkit.vim'
call vundle#end()
```

安装好 Doxygen 后，打开代码文件，即可通过:DoxLic、:DoxAuthor、 :Dox 添加 license 说明、作者版本说明和函数说明，按官方说法，可以在～/.vim/bundle/DoxygenToolkit.vim/plugin/DoxygenToolkit.vim 中修改公司名称变量、作者信息等。

先修改公司名称变量，licenseTag 用 COMPANY 做公司名占位符，以便用.vimrc 中定义的公司名替换，代码如下。

```
let s:licenseTag=s:licenseTag. "GNU General Public License for more details. \<enter>\<enter>"
let s:licenseTag=s:licenseTag. "You should have received a copy of the GNU General Public License\<enter>"
let s:licenseTag=s:licenseTag. "along with this program; if not,write to the Free Software\<enter>"
let s:licenseTag=s:licenseTag. "Foundation,Inc.,59 Temple Place-Suite 330,Boston,MA 02111-1307,USA.\<enter>"
" Common standard constants
if !exists("g:DoxygenToolkit_briefTag_pre")
  let g:DoxygenToolkit_briefTag_pre="@brief "
endif
```

```
  if !exists("g:DoxygenToolkit_briefTag_post")
    let g:DoxygenToolkit_briefTag_post=""
  endif
  if !exists("g:DoxygenToolkit_templateParamTag_pre")
    let g:DoxygenToolkit_templateParamTag_pre="@tparam "
  endif
  if !exists("g:DoxygenToolkit_templateParamTag_post")
    let g:DoxygenToolkit_templateParamTag_post=""
  endif
  if !exists("g:DoxygenToolkit_paramTag_pre")
    let g:DoxygenToolkit_paramTag_pre="@param "
  endif
  if !exists("g:DoxygenToolkit_paramTag_post")
    let g:DoxygenToolkit_paramTag_post=""
  endif
  if !exists("g:DoxygenToolkit_returnTag")
    let g:DoxygenToolkit_returnTag="@return "
  endif
  if !exists("g:DoxygenToolkit_throwTag_pre")
    let g:DoxygenToolkit_throwTag_pre="@throw " " @exception
is also valid
  endif
  if !exists("g:DoxygenToolkit_throwTag_post")
    let g:DoxygenToolkit_throwTag_post=""
  endif
  if !exists("g:DoxygenToolkit_blockHeader")
    let g:DoxygenToolkit_blockHeader=""
  endif
  if !exists("g:DoxygenToolkit_blockFooter")
    let g:DoxygenToolkit_blockFooter=""
  endif
  if !exists("g:DoxygenToolkit_licenseTag")
    let g:DoxygenToolkit_licenseTag=s:licenseTag
  endif
  if !exists("g:DoxygenToolkit_fileTag")
```

```
  let g:DoxygenToolkit_fileTag="@file "
endif
if !exists("g:DoxygenToolkit_authorTag")
  let g:DoxygenToolkit_authorTag="@author "
endif
if !exists("g:DoxygenToolkit_dateTag")
  let g:DoxygenToolkit_dateTag="@date "
endif
if !exists("g:DoxygenToolkit_versionTag")
  let g:DoxygenToolkit_versionTag="@version "
endif
if !exists("g:DoxygenToolkit_undocTag")
  let g:DoxygenToolkit_undocTag="DOX_SKIP_BLOCK"
endif
if !exists("g:DoxygenToolkit_blockTag")
  let g:DoxygenToolkit_blockTag="@name "
endif
if !exists("g:DoxygenToolkit_classTag")
  let g:DoxygenToolkit_classTag="@class "
endif
......
```

建议在.vimrc 原文件基础上完成上述设置为佳，以下是本书使用的的配置：

```
"doxygen 使用
":Dox:DoxLic:DoxAuthor  命令
let g:DoxygenToolkit_commentType="C"
let g:DoxygenToolkit_briefTag_pre="@brief  "
let g:DoxygenToolkit_paramTag_pre="@param "
let g:DoxygenToolkit_returnTag="@returns   "
let g:DoxygenToolkit_authorTag="@author  "
let g:DoxygenToolkit_dateTag="@date "
let g:DoxygenToolkit_versionTag="@version "
let g:DoxygenToolkit_briefTag_funcName="yes"
let g:doxygen_enhanced_color=1
let g:DoxygenToolkit_blockHeader="---------------------"
let g:DoxygenToolkit_blockFooter="---------------------"
```

```
let g:DoxygenToolkit_authorName="chengkf@cqupt.edu.cn"
let g:DoxygenToolkit_licenseTag="ALL rights reserved, zizer.net"
```

之后就可以在 Vim 的命令行用: DoxAuthor、 :Dox、 :DoxLic、 :DoxBlock 完成对应的代码注释了。当然，也可以建立一些快捷键实现这些功能。例如:

```
nmap <C-k>a:DoxAuthor<CR>
nmap <C-k>d:Dox<CR>
nmap <C-k>l:DoxLic<CR>
nmap <C-k>b:DoxBlock<CR>
```

vi 打开代码文件，即可通过快捷键进行代码注释，效果如下:

```
/**
* @file te.c
* @brief  this is a test file
* @author  chengkf@cqupt.edu.cn
* @version
* @date 2021-10-18
*/
#include <stdio.h>
#include <time.h>

/**
* @name my_struct
* @{ i:outer loop var
*    j:inner loop var */
/**  @} */
struct my_struct {
int i;
int j;
}

/*-------------------------------------------------------*/
/**
* @brief  main entry function
*
* @param ac command args count
```

```
* @param ar[] command args array
*
* @returns
*/
/*-----------------------------------------------------------*/
int main(int ac,char *ar[])
{
int b=10,a=20;
a=a+b;

time_t t=1633168588;
if(ac > 1){
t=atoi(ar[1]);
}
printf("sum is %d\n",a);
printf("%s\n",(ctime(&t)));
return 0;
}
```

完成后即可用 Doxygen 生成 HTML/RTF/LaTex 格式的帮助文件。

2. c-support

c-support 是 Vim 的 C/C++-IDE 插件，可以在代码书写中自动插入语句、常用词、代码片段、模板和注释等，也可完成语法检查、编译和执行等操作，从而加快 C/C++程序的编写调试过程。

c-support 的安装过程如下。

下载 cvim.zip 后，将其解压到～/.vim/c-support，之后在.vimrc 中允许插件，命令如下：

```
:filetype plugin on
```

在"$HOME/.vim/c-support/templates/Templates"中设置对应的个人或企业信息，例如：

```
|AUTHOR|=Cheng Kefei
|AUTHORREF|=cheng
|EMAIL|=chengkf@cqupt.edu.cn
|COMPANY|=CQUPT
```

```
|COPYRIGHT|=Copyright(c)|YEAR|,|AUTHOR|
```

可以在重启后生成帮助标签：

```
:helptags ~/.vim/doc
```

用以下命令查看帮助：

```
:help csupport
```

3. OmniCpp

对于 C++，为了方便代码的编写，可以加入 OmniCpp 插件。

OmniCppComplete 功能如下：

（1）命名空间（namespace）、类（class）、结构（struct）和联合（union）补全。

（2）函数属性成员和返回值类型补全。

（3）“this”指针成员补全。

（4）C/C++类型转换（cast）对象补全。

（5）类型定义（typedef）和匿名类型（anonymous types）补全。

从 http://www.vim.org/scripts/script.php?script_id=1520 下载安装包后：

（1）进入～/.vim 目录，将安装版解压缩。

（2）进入～/.vim/doc 目录，在 Vim 命令行下运行“helptags.”。

（3）在～/.vimrc 中加入以下几行程序：

```
let OmniCpp_NamespaceSearch=1
let OmniCpp_GlobalScopeSearch=1
let OmniCpp_DisplayMode=1
let OmniCpp_ShowScopeInAbbr=1
let OmniCpp_ShowAccess=1
let OmniCpp_ShowPrototypeInAbbr=1   "显示函数参数列表
let OmniCpp_MayCompleteDot=1        "输入.后自动补全
let OmniCpp_MayCompleteArrow=1      "输入->后自动补全
let OmniCpp_MayCompleteScope=1      "输入::后自动补全
let OmniCpp_DefaultNamespaces=["std","_GLIBCXX_STD"]
let OmniCpp_SelectFirstItem=1
```

（4）启动 Vim 后使用以下命令为 Vim 添加 OmniCppComplete 帮助信息。

（5）使用 ctags 生成标签库。

对于 C++代码，需要在～/.ctags 中加入下面几个选项：

```
ctags-R--c++-kinds=+p--fields=+iaS--extra=+q--languages
=c++
```

1）基本功能使用方法

在配置好 Vim，并生成了 ctags 标签库的前提条件下，Vim 中在输入“xxx.”或者“xxx->”时会弹出如图 1.17 所示的补全提示。

```
/*
 * ==========================================================================
 *
 *       Filename:  ex01.cpp
 *
 *    Description:  for c++ omnitest
 *
 *        Version:  1.0
 *        Created:  2021年11月15日 10时09分26秒
 *       Revision:  none
 *       Compiler:  gcc
 *
 *         Author:  Cheng Kefei (cheng), chengkf@cqupt.edu.cn
 *        Company:  CQUPT
 *
 * ==========================================================================
 */

class OTest {
    int i;
public:
    int get_i() { return i;}
    void set_i(int t) { i=t; }
};

int main()
{
    OTest o;

    o.
}     OTest::get_i()       f +
~     OTest::i             m -
~     OTest::set_i(int t)  f +
```

```
 *       Filename:  ex01.cpp
 *
 *    Description:  for c++ omnitest
 *
 *        Version:  1.0
 *        Created:  2021年11月15日 10时09分26秒
 *       Revision:  none
 *       Compiler:  gcc
 *
 *         Author:  Cheng Kefei (cheng), chengkf@cqupt.edu.cn
 *        Company:  CQUPT
 *
 * ==========================================================================
 */

class OTest {
    int i;
public:
    int get_i() { return i;}
    void set_i(int t) { i=t; }
};

int main()
{
    OTest *o;

    o->
}     OTest::get_i()       f +
~     OTest::i             m -
~     OTest::set_i(int t)  f +
```

图 1.17　OmniCpp 提示效果

其中，1为符号名称；2为符号类型；3为访问控制标识；4为符号定义所在域（scope）。

（1）符号名称。1为OmniCppComplete所查找到的可选符号（symbol）名称，若以“(”结尾，则为函数。

（2）符号类型。符号类型可能的值如下。

c：类（class）；

d：宏（macro definition）；

e：枚举值（enumeator）；

f：函数（function）；

g：枚举类型名称；

m：类/结构/联合成员（member）；

n：命名空间（namespace）；

p：函数原型（function prototype）；

s：结构体名称（structure name）；

t：类型定义（typedef）；

u：联合名（union name）；

v：变量定义（variable defination）。

（3）访问控制标识。类成员访问控制，取值如下。

+：公共（public）；

#：保护（protected）；

-：私有（private）。

（4）符号定义所在域。即符号在何处被定义。

2）常用配置选项

在Vim中，可以通过以下选项控制OmniCppComplete查找/补全方式。

OmniCpp_GlobalScopeSearch：全局查找控制。

0：禁止。

1：允许（缺省）。

OmniCpp_NamespaceSearch：命名空间查找控制。

0：禁止查找命名空间；

1：查找当前文件缓冲区内的命名空间（缺省）；

2：查找当前文件缓冲区和包含文件中的命名空间。

OmniCpp_DisplayMode：类成员显示控制［是否显示全部公有（public）、私有（private）、保护（protected）成员］。

0：自动；

1：显示所有成员。

OmniCpp_ShowScopeInAbbr：用来控制匹配项所在域的显示位置。缺省情况下，Omni 显示的补全提示菜单中总是将匹配项所在域信息显示在缩略信息最后一列。

0：信息缩略中不显示匹配项所在域（缺省）；

1：显示匹配项所在域，并移除缩略信息中最后一列。

OmniCpp_ShowPrototypeInAbbr：是否显示函数原型。

0：不显示（缺省）；

1：显示原型。

OmniCpp_ShowAccess：是否显示访问控制信息（+、-、#）。取 0/1，缺省为 1（显示）。

OmniCpp_DefaultNamespaces：默认命名空间列表，项目间使用“，”隔开。例如：

let OmniCpp_DefaultNamespaces=[“std”，“MyNamespace”]

OmniCpp_MayCompleteDot：在“.”后是否自动运行 OmniCppComplete 给出提示信息。取 0/1，缺省为 1。

OmniCpp_MayCompleteArray：在“->”后是否自动运行 OmniCppComplete 给出提示信息。取 0/1，缺省为 1。

OmniCpp_MayCompleteScope：在域标识符“：：”后是否自动运行 OmniCpp Complete 给出提示信息。取 0/1，缺省为 0。

OmniCpp_SelectFirstItem：是否自动选择第一个匹配项。仅当“completeopt”不为“longest”时有效。

0：不选择第一项（缺省）；

1：选择第一项并插入光标位置；

2：选择第一项但不插入光标位置。

OmniCpp_LocalSearchDecl：使用 Vim 标准查找函数/本地（local）查找函数。该选项在 Vim 中用于查找函数中的变量定义时，要求函数括号位于文本的第一列，而本地查找函数并不需要。

3）阅读说明

（1）Vim 存在多个配置文件 vimrc，如/etc/vimrc，此文件影响整个系统的 Vim。还有～/.vimrc，此文件只影响本用户的 Vim。而且～/.vimrc 文件中的配置会覆盖/etc/vimrc 中的配置。这里只修改～/.vimrc 文件。

（2）Vim 的插件（plugin）安装在 Vim 的 runtimepath 目录下，可以在 Vim 命令行下运行“set rtp”命令查看。这里选择安装在～/.vim 目录下，如果没有该目录就创建一个。

（3）本书中“在 Vim 命令行下运行某命令”，意思是指在 Vim 的命令行模式下运行某命令，即在 Vim 的正常模式下通过输入冒号“:”进入命令行模式，然后紧接着输入命令。在后面描述中都会省略冒号“:”输入。

（4）如果没有说明“在 Vim 命令行下运行某命令”，则是在 shell 中执行该命令。

（5）如果命令中间被空白符间隔或有与正文容易混淆的字符，则用双引号将命令与正文区分开。所以读者在实际操作时，不要输入命令最前面和最后面的引号。

（6）本书关于组合快捷键的描述，如“a-b”形式的快捷键表示同时按下 a 键和 b 键，而如“a-b c”形式的快捷键，则表示先同时按下 a 键和 b 键，然后放开 a 键和 b 键，再按下 c 键。

（7）作者使用的系统是 Ubuntu 21.10，Vim 版本是 Vi IMproved 8.2。

第 2 章　万丈高楼平地起

学习 C++及准备面试 C++方面工作的同学，相信或多或少都会涉及一些比较基础的知识。例如，求结构体的 sizeof，字节对齐，C 与 C++之间如何调用，C++的封装、继承、多态如何解释等。

可能你无法完全回答上述问题，不过不用担心，在本节中，将会带大家开启 C++之旅，以上问题都将得到完美解答。

2.1　四大特性那些事

C++是一门面向对象的语言，C 是一门面向过程的语言，那么面向对象的程序设计有哪些特性呢？

如果你是一个面向对象编程（object-oriented programming，OOP）爱好者，那么封装、抽象、继承、多态应该能了然于胸，下面将带大家一起学习这几个特性。

2.1.1　封装

封装，指的是隐藏对象的属性与实现细节，仅对外公开接口，控制程序对类属性的读和改操作。

在这里不得不提到访问权限，C++中提供了对类成员的三种访问权限：public/protected/private。代码片段如下。

```
class Demo {
public:
  int data_;//公有成员
protected:
  int protected_data_;//受保护成员
private:
  int private_data_;//私有成员
};
```

值得注意的是当涉及 C++继承时，protected 修饰符尤其重要。像 private 一样，被 protected 修饰的成员在类之外是不可访问的。但是，它们可以被派生类和友元类/函数访问。

下面将从派生类与友元类/函数两方面阐述如何访问被 protected 修饰的成员。

1. 派生类

以下代码片段演示了派生类可以访问 protected 修饰的成员。

```
#include <iostream>
using namespace std;

class Animal {
 private:
  string name_;//不能被外部访问
 protected:
  string type_;//可以被派生类/友元函数访问
 public:
  void eat(){ cout << "Animal eat" << endl;}
  void sleep(){ cout << "Animal sleep" << endl;}
};

class Dog: public Animal{
 public:
  //提供外部对protected成员的访问
  string getType(){ return type_;}
  void setType(string type){ type_=type;}
  void bark(){ cout << "Woof Woof" << endl;}
};

int main(){
  Dog d;
  d.eat();
  d.sleep();
  d.bark();
  d.setType("dog");
  //cout << d.type_<< endl;
  //error!protected成员不可被外部直接访问
```

```
  cout << d.getType()<< endl;
  return 0;
}
```

输出：

```
Animal eat
Animal sleep
Woof Woof
dog
```

在上述代码中，定义了两个类，即 dog 继承 Animal，在 main 中调用处发现，派生类 dog 可以访问基类的 protected 修饰的成员，但是不可被外部直接访问。派生类相关语法参见 2.1.3 节。针对不同的访问，例如，同一个类、派生类、外部访问，可以得到如表 2.1 所示的访问权限。

表 2.1　访问权限

访问	public	private	protected
同一个类	yes	yes	yes
派生类	yes	no	yes
外部访问	yes	no	no

2. 友元函数与友元类

数据隐藏是面向对象编程的一个基本概念。它限制了来自类外部的私有成员的访问。类似地，被 protected 修饰的成员只能被派生类访问，并且不能从外部访问。然而，C++中有一个名为 friend 函数的特性打破了这一规则，它允许我们从类外部访问成员函数。

1）友元函数

友元函数可以访问 private 与 protected 成员，代码片段如下：

```
#include <iostream>
using namespace std;

//前置声明
class B;
class A {
 public:
  A(int num):num_(num){}
```

```
 private:
  int num_;

 protected:
  int age_{10};

  friend int Add(A a,B b);
  friend void printA(A a){
    cout << "A-num:" << a.num_<< endl;
    cout << "A-age:" << a.age_<< endl;
  }
};

class B {
 public:
  B(int num):num_(num){}

 private:
  int num_;

 protected:
  int age_{11};

  friend int Add(A a,B b);
  friend void printB(B b){
    cout << "B-num:" << b.num_<< endl;
    cout << "B-age:" << b.age_<< endl;
  }
};

int Add(A a,B b){ return a.num_+b.num_;}
int main(){
  A a(1);
  B b(2);
  cout << Add(a,b)<< endl;//3
```

```
  printA(a);//A-num:1 A-age:10
  printB(b);//B-num:2 B-age:11
  return 0;
}
```

在这个代码中，定义了两个类，分别是 A 与 B，每个类内部都有 Add 方法，在外面实现 Add 操作，随后在 main 中调用，证明了 friend 函数可以访问私有成员。另外，各类中均有 print 函数，可以看到也访问了各自的 private 与 protected 成员。

2）友元类

我们也可以让一个类成为另一个类的朋友。在这种情况下，声明为 friend 的类的所有成员函数都成为另一个类的 friend 函数。以下代码片段展现了 B 是 A 的朋友，且访问 A 中的私有成员，完成加法操作。

```
#include <iostream>

using namespace std;

class B;
class A {
  /*B是A的朋友,B的所有成员函数都成为A的friend函数,都可以访问
    A中的成员*/
  friend class B;

 private:
  int num_{100};
};

class B {
 public:
  int add(A a){ return a.num_+num_;}

 private:
  int num_{101};
};

int main(){
```

```
  B b;
  A a;
  cout << b.add(a)<< endl;//201
  return 0;
}
```

🅿 tips：friend 破坏了封装性，除了像 STL 内部的操作符重载以外，其他地方很少出现，建议不要经常使用。

另外，这里引出另外一个面试点，对于“struct 与 class 的区别”，需要关注的是：

（1）struct 的默认访问权限是 public；

（2）class 的默认访问权限是 private。

具体对应到代码片段如下：

```
struct Demo1 {
  int data;//public
};
class Demo2 {
  int data;//private
};
```

2.1.2　抽象

🅿 面试考点

❓数据抽象解决了什么问题？

这里的抽象指的是数据抽象。具体表示为只向外界提供必要的信息，而隐藏其背后细节，即在程序中表示需要的信息而不显示细节。数据抽象是一种编程（和设计）技术，它依赖于接口和实现的分离。

数据抽象的优势在于通过仅在类的私有部分中定义数据成员，类作者可以自由地对数据进行更改。如果发生更改，则仅需检查类代码以查看更改可能产生的影响。如果数据是公共的，则直接访问数据成员的任何函数都可能会受影响。

以下代码片段展示了通过数据抽象将接口（接口是一种数据类型）与实现（对接口中的方法进行实现）分离，用户不需要关心内部实现，而只需要关心外部接口。

```
#include <iostream>
using namespace std;
class Adder {
```

```
 public:
  Adder(int number=0): number_(number){}
  int getNum(){ return number_;}//外部接口

 private:
  int number_;//外部接口的隐藏数据
};
int main(){
  Adder ad(10);
  cout << ad.getNum()<< endl;//10
  return 0;
}
```

以上定义了一个类 Adder，内部隐藏了数据接口 number_，对外提供了 getNum 函数。在开发中，我们应该秉承该习惯，将用户不需要关心的部分进行封装，提供简单的外部 API 接口。

2.1.3　继承

继承，指的是允许从现有的类（基类）创建一个新的类（派生类）。继承是一种 is-a 关系，这里有一些例子：

（1）橘子是一种水果，苹果也是一种水果。

（2）狗是一种动物，猫也是一种动物。

以“狗是一种动物”为例，有一个动物基类，动物基类可以派生出很多子类（狗、猫），如图 2.1 所示。

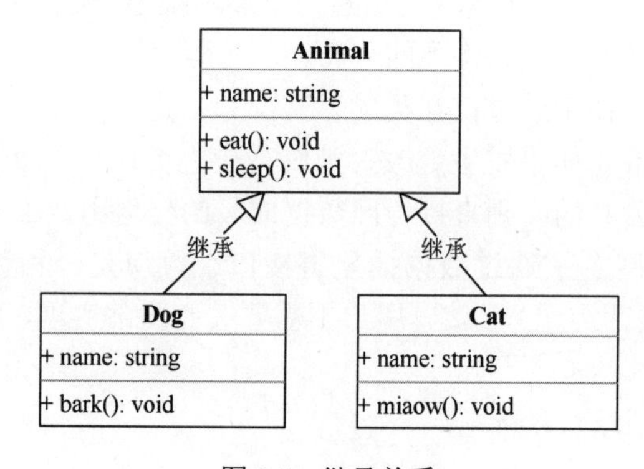

图 2.1　继承关系

1. 访问模式

☑ 面试考点

❓继承中的各个访问模式的区别是什么？简单阐述一下。

❓默认继承方式是哪一种？

在继承体系中，分为 public/protected/private 继承，派生类的各种方式称为访问模式。这些访问模式有以下效果。

（1）public：如果派生类是在 public 模式下声明的，则基类的所有成员将由派生类原样继承。

（2）private：如果派生类是在 private 模式下声明的，则基类的所有成员都成为派生类的 private 成员。

（3）protected：如果派生类是在 protected 模式下声明的，则基类的 public 成员成为派生类中的 protected 成员。

代码片段如下：

```
class Animal {
 public:
  string age_;

 private:
  string name_;

 protected:
  string type_;
};

class Dog:public Animal {
  //age_是 public
  //name_是 private
  //type_是 protected
};

class Panda:private Animal{/*默认继承方式,等价于 class Panda:
Animal*/
  //age_是 private
  //name_是 private
```

```
  //type_是 private
};

class Cat:protected Animal {
  //age_是 protected
  //name_是 private
  //type_是 protected
};
```

以上例子中，有四个类：基类 Animal，派生类 Dog、Panda 和 Cat。

Dog 是 public 继承，根据以上原则，Dog 将原样继承基类权限。

Panda 是 private 继承，根据以上原则，Panda 的所有成员都成为派生类的 private 成员。

Cat 是 protected 继承，根据以上原则，Dog 的 public 成员成为 Cat 的 protected 成员。

2. 继承类型

☐ 面试考点

❓ 多级继承与多继承的区别？

（1）多级继承。

在 C++编程中，不仅可以从基类派生类，还可以从派生类继续派生。这种形式的继承称为多级继承，如图 2.2 所示。

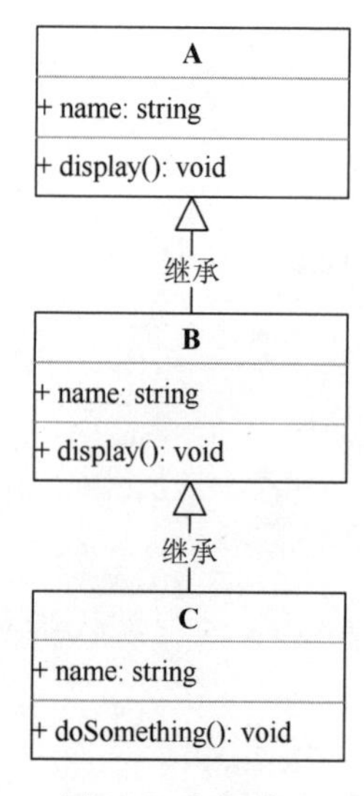

图 2.2　多级继承

多级继承代码片段如下：

```
#include <iostream>
using namespace std;

class A {
 private:
  int name_;

 public:
  void display(){ cout << "show A" << endl;}
};

class B:public A {
 public:
  void display(){ cout << "show B" << endl;}
};

class C:public B {
 public:
  void doSomething(){ cout << "C do something" << endl;}
};

int main(){
  A a;
  a.display();
  B b;
  b.display();
  C c;
  c.display();
  c.doSomething();
  return 0;
}
```

输出：

```
show A
show B
```

```
show B
C do something
```

在该示例中，模拟了图 2.2 所示的多级继承，分别定义了 A、B、C 三个类，随后调用了内部的方法，这种方式就是不断地往后单向继承。

（2）多继承。

多继承可以看作单继承（上述例子："狗是一种动物，猫也是一种动物"）的扩展，继承的基类多于一个，如图 2.3 所示。

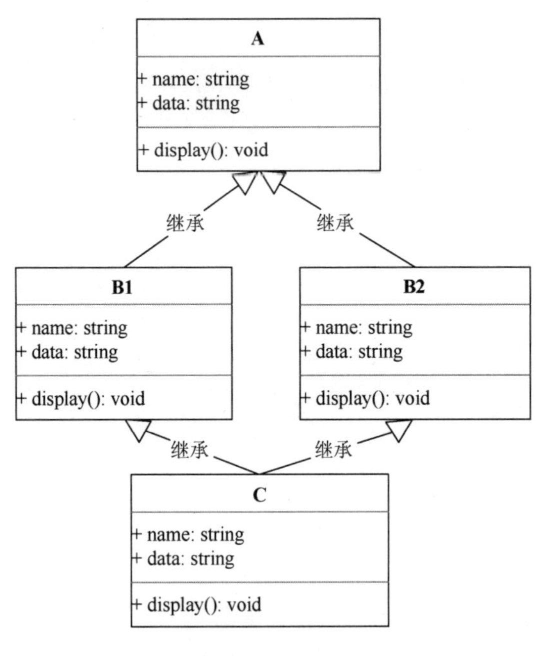

图 2.3　多继承

B1 与 B2 继承自 A，C 有两个父类，分别是 B1 与 B2。这张图清晰地展现了典型的多继承的菱形问题。这里以 public 继承为例，代码片段如下：

```
#include <iostream>

using namespace std;

class A {
 private:
  int name_;
```

```
 public:
  int data_{100};

 public:
  void display(){ cout << "show A1" << endl;}
};

class B1:public A {
 public:
};

class B2:public A {};
class C:public B1,public B2 {};

int main(){
  C c;
  //c.display();//error! 路径二义性
  //cout << c.data_ << endl;//error! 路径二义性
  c.B1::display();//作用域限定访问
  cout << c.B1::data_ << endl;
  return 0;
}
输出：
show A1
100
```

该示例模拟了图2.3的多继承，B1与B2继承自A，C继承了B1与B2，形成了经典的菱形问题。多继承菱形问题中经常出现一个子类继承的多个基类有相同的函数或者成员（例如，main函数中C对象访问data_），那么访问必然会存在二义性问题（上述例子中不知道是调用B1的data_还是B2的data_）。

面试考点

- 多继承的菱形问题如何解决？
- 重定义指的是什么？

解决二义性问题有如下三种方法。

（1）作用域限定访问。

直接采用作用域限定访问，代码片段如下：

```
//上述例子中
B1::display()
c.B1::data_
```

（2）使用虚继承。

虚基类在派生类中只保留一份间接基类和成员。因此，在继承的时候采用虚基类继承可以解决多继承的二义性问题，代码片段如下：

```
#include <iostream>

using namespace std;

class A {
 private:
  int name_;

 public:
  int data_{100};

 public:
  void display(){ cout << "show A1" << endl;}
};

class B1:virtual public A {//here
 public:
};

class B2:virtual public A {};//here
class C:public B1, public B2 {};

int main(){
  C c;
  c.display();
  cout << c.data_ << endl;
  return 0;
}
```

可以看到在标记 here 行中增加了 virtual 关键字，解决了多继承问题。

（3）重定义（隐藏）同名成员和同名函数。

重定义（redefining）也称为隐藏，派生类重新定义基类中有相同名称的非虚函数，该非虚函数的参数列表与返回值都可以不同，指派生类的函数屏蔽了与其同名的基类函数。如果派生类定义的函数与基类的成员函数完全一样（返回值、形参列表均相同），且基类的该函数为虚函数（virtual），这种称为重写或重载（override）。

代码片段如下：

```
#include <iostream>

using namespace std;

class A {
 private:
  int name_;

 public:
  int data_{100};

 public:
  void display(){cout << "show A1" << endl;}
};

class B1:public A {};

class B2:public A {};
class C:public B1,public B2 {
 public:
  void display(){ cout << "show C" << endl;}
  int data_{103};
};

int main(){
  C c;
  c.display();
  cout << c.data_ << endl;
  return 0;
```

```
}
```

以上代码中，在类 C 中重定义同名成员（data_）和同名函数（display）。

2.1.4 多态

? 面试考点

? 多态有哪些实现方式？

? 什么是静态绑定，什么是动态绑定？

多态性是指对成员函数的调用将导致执行不同的函数，具体取决于调用该函数的对象的类型。

下面来看一下计算不同形状面积的代码片段，定义一个 Shape 作为基类，派生出矩形与三角形。

```
#include <iostream>
using namespace std;
//形状
class Shape {
 protected:
  int width_,height_;

 public:
  Shape(int width,int height):width_(width),height_(height){}
  //面积
  long long area(){
    cout << "Shape area:" << endl;
    return 0;
  }
  virtual ~Shape(){}
};

//矩形
class Rectangle:public Shape {
 public:
  Rectangle(int width,int height):Shape(width,height){}
  //矩形面积
```

```
  long long area(){
    long long area=width_ * height_;
    cout << "Rectangle area:" << endl;
    return area;
  }
};

//三角形
class Triangle:public Shape {
 public:
  Triangle(int width,int height):Shape(width,height){}
  //三角形面积
  long long area(){
    long long area=(width_* height_)/2.0;
    cout << "Triangle area:" << area << endl;
    return area;
  }
};

int main(){
  //计算矩形面积
  Rectangle rec(1,3);
  Shape* shape=&rec;
  shape->area();//Shape area:
  //计算三角形面积
  Triangle tri(3,4);
  shape=&tri;
  shape->area();//Shape area:
  delete shape;
  return 0;
}
```

该示例中，定义了一个基类 Shape，并派生出矩形与三角形，随后实现了各自的计算面积方法，在 main 函数中进行调用。理想的输出是

```
Rectangle area:3
Triangle area:6
```

可实际输出却是

```
Shape area:
Shape area:
```

把上述问题简化，假设以矩形为例，以下行为：

```
Shape* shape=&rec;     //Shape 指针指向 rec
shape->area();         //由该指针调用 area
```

异于：

```
Rectangle* rt=&rec;    //Rectangle 指针指向 rec
rt->area();            //由该指针调用 area
```

因为这里重新定义了继承而来的非虚（non-virtual）函数，那么上述两者是不同的：

```
shape->area();         //调用 shape:: area
rt->area();            //调用 Rectangle:: area
```

因此输出不正确的原因是：编译器调用的是基类的area()版本，这称为函数调用的静态绑定——函数调用在程序执行之前是固定的，这有时也称为早期绑定，area()函数是在程序编译期间就确定了的。

☒ tips：不要重新定义继承而来的非虚函数。

现在修改一下程序，只需要改动 Shape 类的 area 函数，前面加一个 virtual 关键字即可。代码片段如下：

```
//形状
class Shape {
 protected:
  int width_,height_;

 public:
  Shape(int width,int height):width_(width),height_
(height){}
  //面积
  virtual long long area(){//here
    cout << "Shape area:" << endl;
    return 0;
  }
  virtual ~Shape(){}
};
```

此时输出：

```
Rectangle area:3
Triangle area:6
```

现在一切正常，由原来的非虚函数变为虚函数。虚函数是基类中使用关键字 virtual 声明的函数，称为 virtual 函数。在上述例子中调用的是对象的动态类型，称为动态绑定（或延迟绑定、后期绑定）。例如：

```
Shape* shape=&rec;        //shape 的动态类型是 Rectangle*
shape=&tri;               //shape 的动态类型是 Triangle*
```

动态类型指的是“目前所指对象的类型”，而动态绑定可以理解为调用一个 virtual 函数时，究竟调用哪一个函数实现代码。

2.2　Virtual 那些事

在 2.1 节中提到采用 virtual 继承来解决菱形继承二义性问题，在多态部分阐述了使用 virtual 可以做到动态绑定，那 virtual 除了这两部分还有哪些面试考点呢？

当然是有的，例如，vptr 与 vtable、抽象类与纯虚函数、哪些函数可以是虚函数、哪些函数不可以是虚函数等问题，下面一一介绍。

2.2.1　虚指针与虚表

⍰ 面试考点

? 如何理解 vptr 与 vtable？

? 如何查看类的内存布局信息？

? vtable 的内部结构是什么样的？

? typeinfo 的内部结构是什么样的？

一个类中如果含有虚函数，C++编译器创建一个隐藏的类成员，称为虚指针（vptr）。这个 vptr 是一个指针，它指向一个虚函数表（vtable），这个表也是由编译器创建的。vtable 的每一行都是一个函数指针，指向对应的虚函数。

下面用例子来剖析 vptr 与 vtable。现考虑如下一个动物基类，狗作为派生类，先不使用 virtual，也就是下面的代码只能输出：eat for animal。

```
class Animal {
 public:
  Animal(int age,int id):age_(age),id_(id){}
  //每个动物唯一编号
  void getId(){ cout << "animal name is " << id_ << endl;}
```

```
    void eat(){ cout << "eat for animal" << endl;}
    void run(){ cout << "run for animal" << endl;}

  protected://仅允许派生类访问
    int age_;
    int id_;
};

class Dog:public Animal {
  public:
    Dog(int age,int id,int woffNum):Animal(age,id),woffNum_
(woffNum){}
    void eat(){ cout << "eat for dog" << endl;}

  private:
    int woffNum_;//woff 次数
};
int main(){
    Dog d(10,1,3);
    Animal* animal=&d;
    animal->eat();
    animal->getId();
    animal->run();
    return 0;
}
```

在该示例中，定义了 Animal 类、派生类 Dog，随后在 main 中采用动态绑定方法，以基类指针指向子类对象的方式进行调用。现在使用-fdump-class-hierarchy 这个选项能够在 g++编译时生成类的布局信息。

```
g++-fdump-class-hierarchy no-vtable.cpp
```

此时得到文件 no-vtable.cpp.002t.class。在里面并没有找到 Vtable for Animal 或 Vtable for Dog，这实际跟预期是相符的，虽然采用了动态绑定方式调用，却因为并没有虚函数，所以找不到 Vtable 相关信息。接下来使用虚函数，看看会是什么结果。

```
class Animal {
  public:
```

```
    Animal(int age,int id):age_(age),id_(id){}
    //here
    virtual void getId(){ cout << "animal name is " << id_
<< endl;}
    //here
    virtual void eat(){ cout << "eat for animal" << endl;}
    void run(){ cout << "run for animal" << endl;}
   protected://仅允许派生类访问
    int age_;
    int id_;
};
```

此时：

```
g++-fdump-class-hierarchy vtable.cpp
```

此时得到文件 vtable.cpp.002t.class，在文件最后可以看到下面的结果，可以非常清晰地看到每个类的内存布局、大小、内存对齐。

```
Vtable for Animal
Animal::_ZTV6Animal:4u entries
0       (int(*)(...))0
8       (int(*)(...))(&_ZTI6Animal)
16      (int(*)(...))Animal::getId
24      (int(*)(...))Animal::eat

Class Animal
   size=16 align=8
   base size=16 base align=8
Animal(0x0x7faa73396c00)0
    vptr=((& Animal::_ZTV6Animal)+16u)

Vtable for Dog
Dog::_ZTV3Dog:4u entries
0       (int(*)(...))0
8       (int(*)(...))(&_ZTI3Dog)
16      (int(*)(...))Animal::getId
24      (int(*)(...))Dog::eat
```

```
Class Dog
   size=24 align=8
   base size=20 base align=8
Dog(0x0x7faa73159b60)0
    vptr=((& Dog::_ZTV3Dog)+16u)
  Animal(0x0x7faa73396c60)0
      primary-for Dog(0x0x7faa73159b60)
```

下面采用 gdb 再来看一下内存布局信息，如图 2.4 所示。

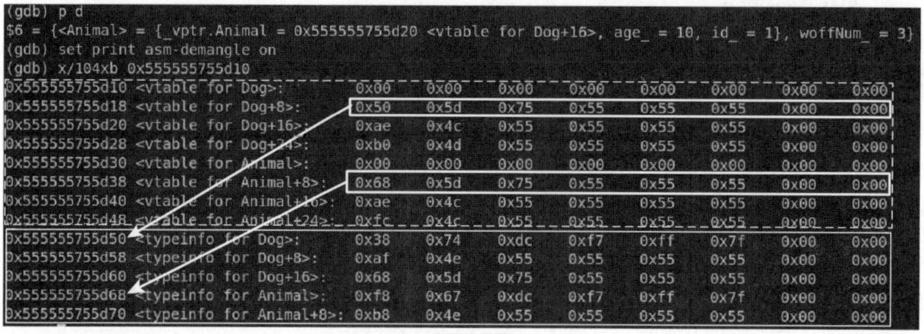

```
(gdb) p d
$6 = {<Animal> = {_vptr.Animal = 0x555555755d20 <vtable for Dog+16>, age_ = 10, id_ = 1}, woffNum_ = 3}
(gdb) set print asm-demangle on
(gdb) x/104xb 0x555555755d10
0x555555755d10 <vtable for Dog>:        0x00  0x00  0x00  0x00  0x00  0x00  0x00  0x00
0x555555755d18 <vtable for Dog+8>:      0x50  0x5d  0x75  0x55  0x55  0x55  0x00  0x00
0x555555755d20 <vtable for Dog+16>:     0xae  0x4c  0x55  0x55  0x55  0x55  0x00  0x00
0x555555755d28 <vtable for Dog+24>:     0xb0  0x4d  0x55  0x55  0x55  0x55  0x00  0x00
0x555555755d30 <vtable for Animal>:     0x00  0x00  0x00  0x00  0x00  0x00  0x00  0x00
0x555555755d38 <vtable for Animal+8>:   0x68  0x5d  0x75  0x55  0x55  0x55  0x00  0x00
0x555555755d40 <vtable for Animal+16>:  0xae  0x4c  0x55  0x55  0x55  0x55  0x00  0x00
0x555555755d48 <vtable for Animal+24>:  0xfc  0x4c  0x55  0x55  0x55  0x55  0x00  0x00
0x555555755d50 <typeinfo for Dog>:      0x38  0x74  0xdc  0xf7  0xff  0x7f  0x00  0x00
0x555555755d58 <typeinfo for Dog+8>:    0xaf  0x4e  0x55  0x55  0x55  0x55  0x00  0x00
0x555555755d60 <typeinfo for Dog+16>:   0x68  0x5d  0x75  0x55  0x55  0x55  0x00  0x00
0x555555755d68 <typeinfo for Animal>:   0xf8  0x67  0xdc  0xf7  0xff  0x7f  0x00  0x00
0x555555755d70 <typeinfo for Animal+8>: 0xb8  0x4e  0x55  0x55  0x55  0x55  0x00  0x00
```

图 2.4　gdb 调试

首先使用 p d 打印 Animal 对象的内容，可以看到 vptr 指向的地址是 0x555555755d20，为了看到完整虚表，在 p d 的结果中可以看到 Dog+16，同时在上述 vtable.cpp.002t.class 内容中也可以看到前面还有 16 字节内容，因此这里倒退 16 字节，变为 0x555555755d10，此时再用 x/104xb 0x555555755d10 查看从 0x555555755d10 开始的内存地址中的值，可以看到分为虚线框的内容与细实线框的内容，分别代表虚表与 typeinfo，而两个粗实线框及箭头的指向实际上代表的是各自 typeinfo 的起始地址。

根据 gdb 的结果分析得到表 2.2～表 2.5。

第一张表为 Dog，如表 2.2 所示。

表 2.2　Dog

地址	值	值所代表的内容
0x555555755d10	0x00	top_offset（在调用虚函数之前，调整 this 指针）
0x555555755d18	0x555555755d50	指向 typeinfo（见图 2.4 第一个粗实线箭头指向）
0x555555755d20	0x555555554cae	指向 Animal: : getId（）
0x555555755d28	0x555555554db0	指向 Dog: : eat（）

第二张表为 Animal，如表 2.3 所示。

表 2.3　Animal

地址	值	值所代表的内容
0x555555755d30	0x0	top_offset（后面阐述）
0x555555755d38	0x555555755d68	指向 typeinfo（见图 2.4 第二个粗实线箭头指向）
0x555555755d40	0x555555554cae	指向 Animal:: getId（）
0x555555755d48	0x555555554cfc	指向 Animal:: eat（）

第三张表为 typeinfo for Dog，如表 2.4 所示。

表 2.4　typeinfo for Dog

地址	值	值所代表的内容
0x555555755d50	0x7ffff7dc7438	指向 typeinfo 子类 cxxabiv1:: siclasstypeinfo
0x555555755d58	0x555555554eaf	typeinfo name 名字
0x555555755d60	0x555555755d68	指向 Animal（基类）的 typeinfo 的起始位置

第四张表为 typeinfo for Animal，如表 2.5 所示。

表 2.5　typeinfo for Animal

地址	值	值所代表的内容
0x555555755d68	0x7ffff7dc67f8	指向 typeinfo 的子类 cxxabiv1:: classtype_info
0x555555755d70	0x555555554eb8	typeinfo name 名字

以上值所代表的内容，可以使用 gdb 里面的 x/s address 命令来验证，typeinfo 表中涉及的类关系可参见 cxxabi.h 文件，这里用到的类关系为__cxxabiv1:: __class_type_info 继承 std:: type_info，而__cxxabiv1:: __si_class_type_info 继承自__cxxabiv1:: __class_type_info，上述 typeinfo name 实际上等价于 typeid(x).name() 得到的名字。

用一幅图来总结前面提到的所有内容，如图 2.5 所示。

每个类中都有 vptr 指针，基类的虚表紧跟在子类的后面，每个虚表里面包含 top offset，type_info、一些虚函数地址，虚表后面紧跟子类与基类的 type_info 信息，每个 type_info 信息包含了比较重要的 typeinfo name，而 type name 实际对应 typeid(x).name()。

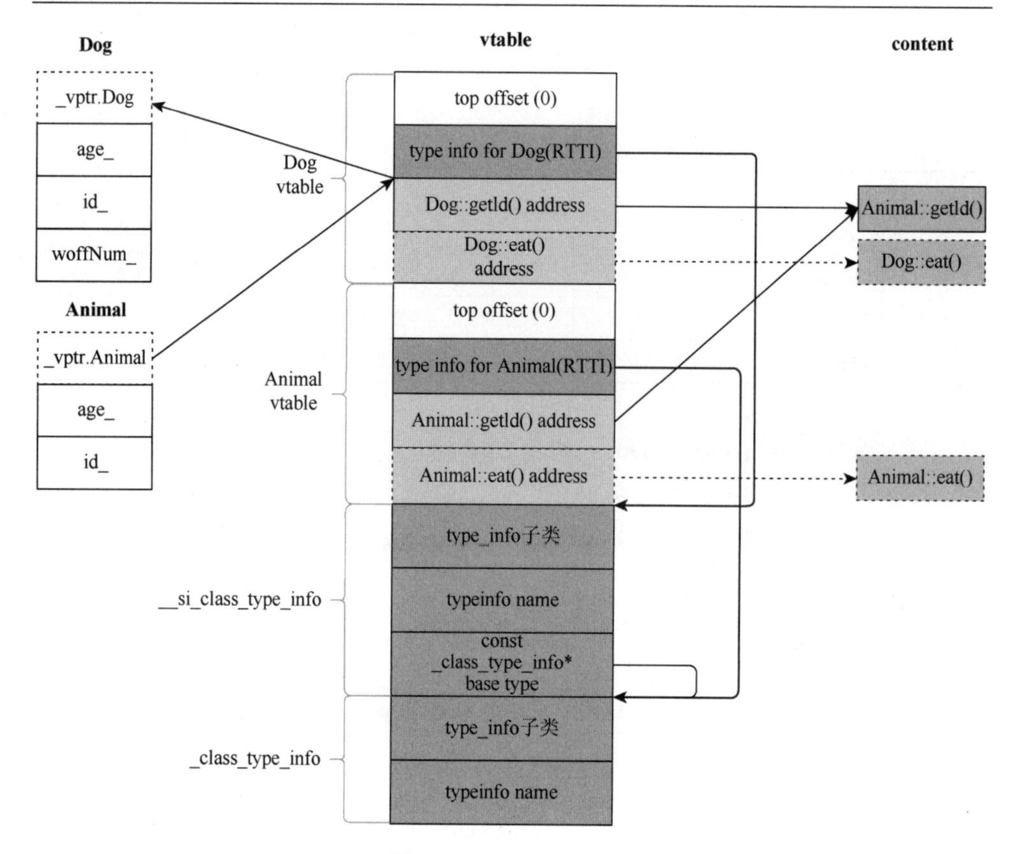

图 2.5　virtual 及 vtable

根据 Animal*animal=&d 绘制，图中右侧两条粗线箭头分别指向 Dog、Animal 的 type_info 起始地址。

2.2.2　明白哪些可以作为虚函数

☑ 面试考点

❓ 静态函数可以声明为虚函数吗？

❓ 构造函数可以声明为虚函数吗？

❓ 析构函数可以声明为虚函数吗？

（1）静态函数不可以声明为虚函数。

静态成员函数不属于任何类对象或者类实例，加上 virtual 是没有任何意义的。从 this 指针考虑，虚函数依靠 vptr 和 vtable，vptr 是一个指针必须依赖于 this 指针，而静态函数没有 this 指针，那便无法访问 vptr，自然是不可以声明为虚函数的。

代码验证片段如下（输出结果见注释部分）：

```
class StaticDemo {
 public:
```

```
    //virtual CtorDemo(){}//error
    StaticDemo(){}
    virtual static void fun(){}/*error:member'fun'cannot be
declared both'virtual'and 'static'*/
    ~StaticDemo(){}
};
```

（2）构造函数不可以声明为虚函数。

构造函数不允许使用除了 inline、explicit 之外的关键字，在 2.2.1 节中我们知道虚函数表是在编译阶段建立的，而 vptr 指针在运行阶段实例化对象的时候才产生。如果一个类中拥有虚函数，那么编译器会在构造函数中添加代码来创建 vptr。如果构造函数是虚的，那么就需要 vptr 访问虚表，而此时 vptr 还没有产生。因此，构造函数不可以为虚函数。

代码验证片段如下（输出结果见注释部分）：

```
class CtorDemo {
 public:
  virtual CtorDemo(){}
  //error: constructors cannot be declared 'virtual'
  //dosomething...
  ~CtorDemo(){}
};
```

（3）析构函数一般建议为虚函数。

面试考点

什么情况下需要声明为虚析构函数？

现考虑如下情况，一个派生类继承一个基类，然后采用基类指针指向子类对象的方式调用，代码段如下：

```
#include <iostream>
using namespace std;
class base {
 public:
  base(){ cout << "Constructing base \n";}
  ~base(){ cout << "Destructing base \n";}
};

class derived:public base {
 public:
```

```
  derived(){ cout << "Constructing derived \n";}
  ~derived(){ cout << "Destructing derived \n";}
};

int main(void){
  derived *d=new derived();
  base *b=d;
  delete b;
  return 0;
}
```

此时输出：

```
Constructing base
Constructing derived
Destructing base
```

可以看到未调用子类析构函数，因此在继承体系中为了解决这种问题，需要将基类声明为虚析构函数。代码片段如下：

```
class base {
 public:
  base(){ cout << "Constructing base \n";}
  virtual ~base(){cout << "Destructing base \n";}
};
```

? tips：子类虚构函数有实际作用的时候，切记将子类析构声明为虚析构。

2.2.3　纯虚函数和抽象类

? 面试考点

? 接口怎么实现？

? 纯虚函数与虚函数的区别是什么？

? 抽象类指的是什么？

? 抽象类是否可以实例化？

? 抽象类派生的子类是否可以实例化？

接口描述了类的行为或功能，无须关心该类的特定实现。C++中实现接口可以使用抽象类实现，这里要注意，不要将抽象类与数据抽象混淆，数据抽象是将实现细节与数据分离的概念。

C++抽象类指的是如果一个类至少有一个纯虚函数，那么它就是抽象类，并且不能创建抽象类对象，可以用作其他类的基类。其中，对于纯虚函数，只需声明虚函数为 0 即可。

这里总结如下几个要点。

（1）纯虚函数：没有函数体的虚函数。

如下所示的 show 函数，我们只声明，并没有定义。

```
class A {
 public:
  virtual void show()=0;//纯虚函数
};
```

（2）抽象类：至少有一个纯虚函数。

如下所示的 Base 是一个抽象类，且有一个纯虚函数及普通成员函数。

```
//抽象类至少包含一个纯虚函数
class Base {
 public:
  virtual void show()=0;//纯虚函数
  int getX(){ return x;}//普通成员函数

 private:
  int x;
};
```

（3）可以使用多态。

通过子类实现基类的纯虚函数，保证抽象类的指针或引用，能够指向由抽象类派生出来的类对象，进而实现动态绑定。

```
class Derived:public Base {
 public:
  void show(){ cout << "In Derived \n";}/*实现抽象类的纯虚
函数*/
  Derived(){}//构造函数
};

int main(void){
  //Base b;//error! 不能创建抽象类的对象
  //Base *b=new Base();error!
```

```
    Base *bp=new Derived();/*抽象类的指针和引用-> 由抽象类派生
出来的类的对象*/
    bp->show();
    return 0;
}
```

（4）如果派生类没有实现基类（基类是派生类）的所有纯虚函数，那么派生类也会变成抽象类。

一定要注意，所有纯虚函数都必须实现，如果只实现了一个，其他没有实现，还是会变成抽象类。根据前面抽象类的定义，至少含有一个纯虚函数，那么它就是抽象类，这里如果只实现了一个纯虚函数，当然还有其他没有实现的，那也就满足了抽象类定义，自然是抽象类了。

```
class Derived:public Base {
  public:
  //void show(){}
};
```

（5）接口实现。

前面提到接口可以通过抽象类实现，下面举一个比较易理解的例子：计算不同形状的面积。

```
class Shape {
 public:
  //纯虚函数
  virtual int getArea()=0;
  void setWidth(int width){width_=width;}
  void setHeight(int height){height_=height;}

 protected:
  int width_;
  int height_;
};
//矩形
class Rectangle:public Shape {
 public:
  int getArea(){ return width_ * height_;}
};
//三角形
```

```
class Triangle:public Shape {
 public:
  int getArea(){ return(width_ * height_)/2;}
};
int main(){
  Rectangle rect;
  rect.setWidth(20);
  rect.setHeight(10);
  Triangle tri;
  tri.setWidth(20);
  tri.setHeight(10);
  cout << "rectangle area:" << rect.getArea()<< endl;
//rectangle area:20
  cout << "tri area:" << tri.getArea()<< endl;
//tri area:100
  return 0;
}
```

在该示例中，定义了一个形状基类，派生出矩形与三角形，基类中 getArea 是纯虚函数，此时 Shape 是抽象类，随后多个子类继承了 Shape 类，进行了不同的实现，达到了不同类使用不同算法计算面积的效果。在本示例中可以看到抽象类是如何使用纯虚函数定义接口的，另外两个类实现了相同的函数，但使用不同的算法来计算特定形状的面积。

2.2.4 RTTI 与类型转换操作符

▯ 面试考点

? 如何理解 RTTI？

? dynamic_cast 有几种转型？

RTTI 是运行时类型识别（Run-time Type Identification）的缩写。RTTI 为程序在运行时确定对象类型提供了一种标准方法。主要包含 typeid 操作符、typeinfo 类、dynamiccast 操作符。

1. typeid 操作符

在虚表及虚指针一节中提到 typeid(x).name()，typeid()操作符返回一个 std::typeinfo 对象，随后调用该对象的 name 方法获取类型名。如果表达式的类型是一种名为“类”的类型，并且至少包含一个虚函数，则 typeid 操作符返回表达式的动态类型，在运行时计算。其他情况，typeid 操作符返回表达式的静态类型，在编译时计算。

例如，Base 在 typeid 编译时计算，与之对应的 Base2 则是在运行时计算。

```
//非多态
class Base {
  void print(){}
};

class Derived:public Base {};

//多态
class Base2 {
  virtual void print(){}
};

class Derived2:public Base2 {};

int main(){
  Derived d1;
  Derived2 d2;

  //非多态
  Base* b1=&d1;
  cout << typeid(*b1).name()<< endl;//4Base

  //多态
  Base2* b2=&d2;
  cout << typeid(*b2).name()<< endl;//8Derived2
  return 0;
}
```

本示例中，将非多态类 Base 与多态类 Base2 进行了对比。在 main 函数中分别调用 Base 类和 Base2 类，通过使用 typeid()操作符返回的 std::typeinfo 对象打印出对应 name 值。

2. type_info 类

type_info 类在头文件 typeinfo.h 中，在虚表 RTTI 与虚指针中提到这个类是 typeinfo 里面的一些其他子类的父类，同时需要注意该类没有 public 的构造函数不可以直接使用。

3. dynamic_cast 操作符

dynamic_cast 是在运行时处理的，可以获取目标对象的引用或指针，在使用时注意被转换对象的类型必须是多态类型（至少有一个声明或继承的虚函数），否则使用 dynamic_cast 会报编译错误，如 source type is not polymorphic，下面列出几种情况的多态类型：

```
//非多态类型
class A {};

//多态类型
class B {
 public:
  virtual ~B(){}
};
//多态类型
class C:public B {};
//非多态类型
class D:public A {};
```

在进行转换的时候，可分为向上转型（子类向基类）、向下转型（基类向子类）、横向转型。dynamic_cast 将查找所需的对象，并在可能的情况下将其返回。若不能，则在使用指针的情况下返回 NULL，在使用引用的情况下返回 std::bad_cast。

现有 Circle 与 Rectangle 继承 Shape，如图 2.6 所示。

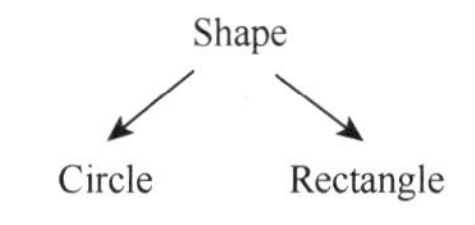

图 2.6　Shape 继承关系

（1）向上转型（子类向基类）。

在继承中，我们可以理解 is-a 关系，而向上转型实际上是多态的一种体现，只需要将子类的指针或引用赋给基类的指针或引用即可，那么使用 dynamic_cast 必然是成功的。代码片段如下：

```
Shape* sp=new Circle;
Shape& spRef=*sp;
//circle is a shape
Shape& spDc=dynamic_cast<Shape&>(*sp);//ok
delete sp;
```

（2）向下转型（基类向子类）。

向下转型也是安全的，转为目标对象的指针得到 NULL，转为目标对象的引用抛出 std::bad_cast 异常。

例如，Shape*转 Circle*无效，返回 NULL，Shape 转 Circle&抛出异常。

```
Shape* pShape2=new Shape;=
Circle* circle=dynamic_cast<Circle*>(pShape2);//null
if(circle==nullptr){
   cout << "circle is null" << endl;
} else {
   cout << "cast ok" << endl;
}
Circle& circleRef=dynamic_cast<Circle&>(*pShape2);
//exc eption bad_cast
delete pShape2;
```

（3）横向转型。

横向转型处理同向下转型，例如，Circle*转 Rectangle*无效，得到 NULL，Circle 转 Rectangle&抛出异常。

```
//横向转换
Circle* pCircle=new Circle;
Rectangle* pRec1=dynamic_cast<Rectangle*>(pCircle);//null
if(pRec1==nullptr){
   cout << "pRec1 is null" << endl;
} else {
   cout << "cast ok" << endl;
}
//横向转换
```

```
Rectangle& pRec2=dynamic_cast<Rectangle&>(*pCircle);
//bad_cast
delete pRec1;
```

除此之外，还有一些特殊情况。

（1）Shape*转 void*：安全的转型；

（2）void*转 Shape*：编译报错，不能转为 void*；

（3）无关类转型：安全转型，处理同向下转型或横向转型。

▯ 面试考点

? C++类型转换操作符有哪些，各自的用法及适用场景是什么？

当然，看到 dynamic_cast 类型转换，会让我们联想起 static_cast、const_cast、reinterpret_cast，这些都是 C++中的类型转换操作符，相比 C 风格的（type）object 更加安全。

1）static_cast 操作符

（1）类层次结构中，基类和派生类之间指针或引用的转换。

向上转型（派生类->基类）：安全的转型。例如：

```
Base *pBase=static_cast<Base*>(child);//ok
```

向下转型（基类->派生类）：不安全的转型，因为不支持类型动态检查，这一点与 dynamic_cast 有所区别。例如：

```
Derived* pChild=static_cast<Derived*>(pBase1);//ok not safe
```

（2）基本数据类型转换。

基本数据类型转换，例如，char 转 int，double 转 int 等。

```
char t='a';
int m=static_cast<int>(t);//97
m=static_cast<int>(67.12);//67
void* v=static_cast<void*>(pBase);/*pBase 是一个 Base*对象
的指针*/
```

（3）不相关类之间转换。

不相关类之间转换失败，可以采用 dynamic_cast 安全的转换。例如，苹果转动物，转换将是无效转换。

```
Animal *pUnrelated=static_cast<Animal *>(&apple);
```

▯ tips：static_cast 不能转换表达式的 const、volatile 或者_unaligned 属性。

▯ tips：下行转换时，使用 dynamiccast 代替 staticcast。

2）const_cast 操作符

const_cast 用于修改类型的 const 或 volatile 属性，例如：

```
const int pConst=1;
```

```
int *nonConst=const_cast<int *>(&pConst);
```

const_cast 主要是在有一个使用非 const 指针参数的函数时使用，即使它没有修改指针。例如：

```
void print(int* p){
  std:: cout << *p << endl;
}
```

在这种情况下需要使用 const_cast，调用如下：

```
print(&pConst);//error: cannot convert const int* to int*
print(nonConst);//ok
```

3）reinterpret_cast 操作符

reinterpret_cast 是最危险的强制类型转换，应谨慎使用。

使用 reinterpret cast 主要完成任意指针类型之间的转换，没有任何关系的指针，也可以进行转换。reinterpret_cast 一般用于特别奇怪的转换和位操作，例如，将原始数据流转换为实际数据或将数据存储在指向对齐数据的指针低位。

下面以检查计算机大小端（具体什么是大端、小端，更多判别见 2.3 节）为例。

```
//0x61 对应的是字母 a,0x62 对应的是字母 b
int i=0x6261;
char* p2=reinterpret_cast<char*>(&i);//ab
if(p2[0]=='a')
  cout << "小端" << endl;//作者的计算机是这个结果
else
  cout << "大端" << endl;
```

2.3　大小端那些事

在 2.2 节中使用了大小端的例子，并没有详细地进行阐述，而这方面的知识在网络编程中还是经常被用到的。如果是从事 C++开发的人员，必定会涉及该知识点，本节将系统地阐述网络大小端在 C++中的一些面试考点，例如，大小端的概念阐述、如何检查一个机器是大端还是小端、大小端如何转换等问题，下面来重点介绍。

2.3.1　大小端的概念

▣ 面试考点

❓ 概念上如何区分大小端？

?主机字节序与网络字节序分别指的哪一个?

计算机硬件存储数据的方式分为以下两种。

(1) 大端字节序。高位字节排放在内存的低地址端，低位字节排放在内存的高地址端。该方法又称为高尾端或网络字节序，例如，网络传输和文件存储。

(2) 小端字节序。低位字节排放在内存的低地址端，高位字节排放在内存的高地址端。该方法又称为低尾端或主机字节序，例如，Intel 的 CPU。

人类在书写数值的时候，习惯读写是大端字节序。对于计算机来说，处理字节序的时候，不清楚什么是高位字节与低位字节，只知道按照顺序读取字节。

tips：网络编程时，务必将主机字节序向网络字节序进行转换。

例如，数值 0x12345678 在内存中的存储如图 2.7 所示。

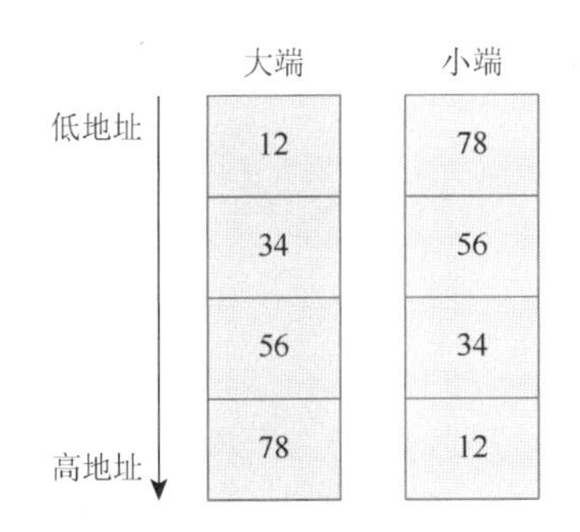

图 2.7　大小端存储

可以看到图 2.7 中，如果是大端字节序，读到的先是高位字节，再是低位字节。小端字节序则相反。

2.3.2　字节对齐

面试考点

?阐述字节对齐的概念及应用。

?字节对齐的原则是什么?

?什么是 1 字节对齐?

内存对齐是编译器为了便于 CPU 快速访问所采用的一种技术。之所以要进行内存对齐，是因为通过内存对齐可以提升内存系统性能。在不同平台由于对齐方式不同，同样的结构在不同的平台其大小可能不同，因此需要按照 1 字节对齐或者自己对结构填充的方式进行内存对齐。

字节对齐有以下原则（假设字节对齐的结果是以 n 字节对齐）。

(1) 整体字节对齐：整个类大小是 n 的整数倍。

（2）每个成员对齐：结构体变量的首地址能够被其对齐字节数大小所整除，结构体每个成员相对结构体首地址的偏移都是成员大小的整数倍。

（3）设置字节对齐：如果设置了以 x 字节对齐，结构体中最大成员对齐字节数为 y，最终字节对齐 n=min(x, y)。

（4）未设置字节对齐：n 等于结构体中最大的成员字节对齐数。

（5）1 字节对齐：结构体大小等于所有成员大小相加。

原则中提到设置字节对齐，可以通过 pragma pack(n)指令进行设置。

```
#pragma pack(1)//1 字节对齐
//TODO struct
#pragma pack()//还原默认对齐
```

也可以在结构体定义后加上__attribute__((packed))声明 1 字节对齐。

2.3.3 正确判别大小端

▢ 面试考点

? 如何正确判别大小端？

1. 使用联合体

联合体所有成员从低地址开始，查看最后一个字节存储的值是多少来判断是大端还是小端。

```
union Endian {
  int num;
  char c;
};
bool isBigEndian(const Endian& p){
  bool flag=false;
  if(p.c==0x78){
    cout << "小端" << endl;
  } else if(p.c==0x12){
    cout << "大端" << endl;
    flag=true;
  }
  return flag;
}
```

2. 使用 char

查看 char 的低地址存储的是高位还是低位。

该方法就是上述 reinterpret_cast 的例子。

```
//0x61 对应的是字母 a,0x62 对应的是字母 b
int i=0x6261;
char* p2=reinterpret_cast<char*>(&i);//ab
if(p2[0]=='a')
  cout << "小端" << endl;
else
  cout << "大端" << endl;
```

2.3.4　优雅地实现大小端转换

⊡ 面试考点

❓ Linux 系统库函数有哪些可以应用在大小端转换上？

❓ 自己如何实现一个大小端转换函数？

Linux 系统库函数头文件为

```
#include <netinet/in.h>
```

内部包含常用的函数：htonl、htons、ntohl、ntohs。

（1）htonl，32 位无符号整型的主机字节序到网络字节序的转换（小端->大端）；

（2）htons，16 位无符号整型的主机字节序到网络字节序的转换（小端->大端）；

（3）ntohl，32 位无符号整型的网络字节序到主机字节序的转换（大端->小端）；

（4）ntohs，16 位无符号整型的网络字节序到主机字节序的转换（大端->小端）。

那如何自己实现呢？其实很简单，只需要进行位运算即可：

```
uint32_t changeEndian(uint32_t x){
  unsigned char* ptr=(unsigned char*)&x;
  return(ptr[0] << 24)|(ptr[1] << 16)|(ptr[2] << 8)|ptr[3];
}
```

对比系统库函数转换与自己实现的转换：

```
uint32_t data=0x12345678;
printf("32 位大端--->小端:%x\n",ntohl(data));    //78563412
uint32_t littleEndian=changeEndian(data);
printf("32 位大端--->小端:%x\n",littleEndian);  //78563412
printf("32 位小端--->大端:%x\n",changeEndian(littleEndian));
```

```
                                            //12345678
printf("32 位小端--->大端:%x\n",htonl(littleEndian));
                                            //1234567
```

输出可见注释部分，对应图 2.7 所示例子。

2.4 字节对齐那些事

在这一节中，将根据 sizeof 操作符阐述字节对齐话题，相信大家在实践中遇到过如下问题：为什么一个结构的 sizeof 不等于每个成员的 sizeof 的总和？这个结构体的 sizeof 总是计算错误，正确求法是什么呢？本节将解决这些问题。

2.4.1 sizeof 操作符计算

面试考点

空类的字节大小是多少？

类或结构体对象大小如何计算？

继承体系中 sizeof 如何计算？

现假设有如下空类：

```
class Empty {};
```

C++标准不允许大小为 0 的对象（及其类），因为这样做有可能会使得两个不同对象具有相同的内存地址。因此空类的大小至少必须为 1。有以下几个原因：

（1）为了保证 new 总是返回一个指向不同内存地址的指针。

（2）为了避免除数为零。例如，指针算术（许多是由编译器自动完成的）涉及除以 sizeof(T)。

在一个类或者结构体中，求解其大类对象的大小，以下几部分不用考虑：

（1）虚函数本身。

（2）成员函数（静态与非静态）。

（3）静态数据成员。

以上几部分都不占用对象的存储空间。

例如，一个类包含多个虚函数、静态函数、非静态函数、静态成员、非静态成员。

```
class A {
 public:
  char b;
  virtual void fun(){}
```

```
  virtual void fun1(){}
  void print(){}
  static int c;
  static int d;
  static int f;
};
```

sizeof(A)=16，根据以上原则，只需要计算 char 与 vptr 指针大小，并且多个虚函数只需要考虑一个 vptr 即可，根据字节对齐 8 字节，得到 sizeof 为 16。

对于继承体系中，类对象大小的计算如下。

（1）普通继承：派生类继承了所有继类的函数与成员，要按照字节对齐来计算大小。

```
//4 字节对齐
class A {                    //sizeof(A)=8
 public:
  char a;
  int b;
};
//8 字节对齐
class B:A {                  //sizeof(B)=24
 public:
  short a;
  long b;
};
//4 字节对齐
class C {                    //sizeof(C)=12
  A a;
  char c;
};
class A1 {
  virtual void fun(){}
};
//对于虚单函数继承,派生类也继承了基类的 vptr,所以是 8 字节
class C1:public A1 {};    //sizeof(C1)=8
```

（2）虚继承，继承基类的 vptr。

不管是单继承还是多继承，都是基类的多个 vptr。

```
class A {                    //sizeof(A)=8
  virtual void fun(){}
};
class B {                    //sizeof(B)=8
  virtual void fun2(){}
};
class C:virtual public A,virtual public B {//sizeof(C)=16
 public:
  virtual void fun3(){}
};
```

2.4.2 位域那些事

☐ 面试考点

? 位域字节对齐及未命名的位域如何使用？

位段（或称“位域”，bit field）为一种数据结构，可以把数据以位的形式紧凑地储存起来，并允许程序员对此结构的位进行操作。这种数据结构的优点如下：

（1）可以使数据单元节省存储空间。

（2）位段可以很方便地访问一个整数值的部分内容，从而可以简化程序源代码。

这种数据结构的缺点是其内存分配与内存对齐的实现方式依赖于具体的机器和系统，在不同的平台可能有不同的结果，这导致位段在本质上是不可移植的。

例如，类和结构可以包含比整型占用更少存储空间的成员，这些成员被指定为位字段。

以时间为例，根据前面字节的对齐规则，很容易求出当前 sizeof(Date1)=8。

```
struct Date1 {
  unsigned short weekday;
  unsigned short monthDay;
  unsigned short month;
  unsigned short year;
};
```

现在考虑采用位域优化 sizeof 大小，一周为 7 天，占 3bit；一个月最多 31 天，占 5bit；一年 12 个月，占 4bit；假设最多 100 年，占 7bit。具体位域使用如下：

```
struct Date2 {
  unsigned short weekDay:3;    //一周 7 天 0～7,3bit 即可
```

```
  unsigned short monthDay:5;   //一个月 31 天 0~31,5bit 即可
  unsigned short month:4;      //一年 12 个月 0~12,4bit 即可
  unsigned short year:7;       //假设最多 100 年,7bit 即可
};
```

字节对齐分布如图 2.8 所示。

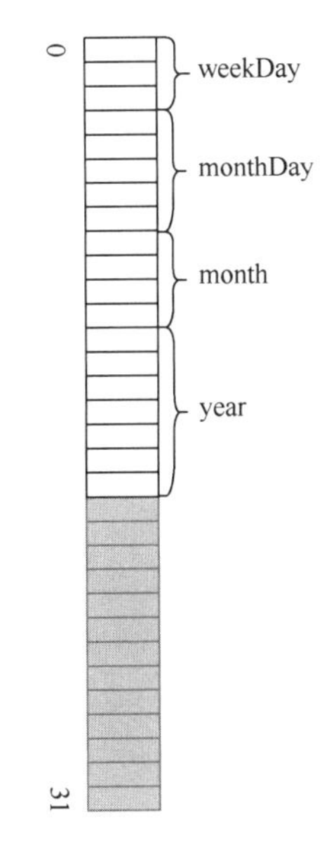

图 2.8　字节对齐

sizeof(Date2)=4，可以看到采用位域可以使数据单元省存储空间。

tips：虽然使用了 bit field，但是数据类型的整个内存仍然存在。

实际上，细心的人会发现，上述存在字节对齐的问题，我们用一个更加通俗的例子阐述位域的对齐。现在有一个 Student 结构体，内部有 id、age、fri 三个成员。

```
struct Student {
  unsigned int id:30;    //最多 30bit
  unsigned int age:7;    //最多 100 岁,7bit 即可
  unsigned int fri:7;    //最多 100 个朋友,7bit 即可
};
```

sizeof(Student)=8。

id+age=37 超出 32bit，编译器会将 age 移位到下一个 unsigned int 单元存放，这两个中间会有 2bit 的空隙，age 与 fri 未超过 32bit，紧密排列在一起，此时结构体大小为 2×32bit=64bit，即 8 字节。

中间空隙，可以使用未命名的位域成员进行填充，同时可以使用一个宽度为 0 的未命名位域成员令下一位域成员与下一个整数对齐。此时，sizeof(Student)=12，代码片段如下：

```
struct Student1 {
  unsigned int id:30;     //最多 30bit
  unsigned int:2;
  unsigned int age:7;     //最多 100 岁,7bit 即可
  unsigned int:0;
//使用一个宽度为 0 的未命名位域成员令下一位域成员与下一个整数对齐
  unsigned int fri:7;     //最多 100 个朋友,7bit 即可
};
```

2.5　const 与 static 那些事

在前面频繁提到的结构体或类，内部成员可以是 const 或者 static 的，同时还提到了 const_cast。在面试的时候，经常会问到：static 声明的变量存储在哪个位置，const 常量与宏常量的区别，const 与 static 结合的一些用法等。本节将从 const 那些事与 static 那些事来着重探讨两方面的重难点问题。

2.5.1　const 那些事

面试考点

const 常量与宏常量的区别是什么？

const 在不同文件中如何访问？

指向 const 对象的指针、指向类型对象的 const 指针、指向 const 对象的 const 指针有什么区别？

如果函数需要传入一个指针，是否需要为该指针加上 const？把 const 加在指针不同的位置有什么区别？

如果函数需要传入的参数是一个复杂类型的实例，传入值参数或者引用参数有什么区别？什么时候需要为传入的引用参数加上 const？那如果是内部数据类型呢？

const 在类中如何使用？

1. const 的作用

const 是一种类型修饰符，具有以下作用。

（1）可以定义常量。

```
const int a=100;
```

（2）类型检查。

这里就引出了 const 与#define 宏定义常量的区别，见表 2.6。

表 2.6　const 与#define 的区别

类别	数据类型	安全检查	副本
const	有	编译器进行安全检查	运行过程中有一份副本
#define	没有	不进行安全检查	运行过程中有多份副本

（3）按引用传递时，使用 const 关键字可以防止变量被修改。

可以应用在一个函数处理对象，而不修改对象。

```
void f(const Foo& foo){
//...
}
```

其次在一个类的副本构造。

```
struct Foo {
  Foo(Foo const& that){/* make copy of that */}
};
```

（4）节省空间，避免不必要的内存分配。

const 在运行过程中只有一份副本。

2. const 与文件

未被 const 修饰的变量在不同文件中可以直接访问，例如：

```
//file1.cpp
int ext=10;
//file2.cpp
#include <iostream>
extern int ext;
int main(){
  std::cout<<(ext+10)<<std::endl;
  return 0;
}
```

使用 g++-o file file2.cpp file1.cpp 可以正常编译，倘若 file1 的变量改为 const，那么不能被其他文件访问，如若访问，则必须加 extern。

```
//const_file1.cpp
extern const int ext=10;
```

◻ tips：非 const 变量默认为 extern。要使 const 变量能够在其他文件中访问，必须在文件中显式地指定它为 extern。

3. 常量与常引用

常量与常引用必须初始化。

```
const int a=10;
const int& b=a;
```

4. 指针与 const

与指针相关的 const 有四种：

```
const char * a;    //指向 const 对象的指针或者说指向常量的指针
char const * a;          //同上
char * const a;//指向类型对象的 const 指针或者常指针、const 指针
const char * const a;   //指向 const 对象的 const 指针
```

◻ tips：如果 const 位于*的左侧，则 const 就是用来修饰指针所指向的变量的，即指针指向常量。

◻ tips：如果 const 位于*的右侧，const 就是修饰指针本身的，即指针本身是常量。

具体使用如下。

1）指向常量的指针

```
const int *ptr;
*ptr=10;//error
```

ptr 是一个指向 int 类型 const 对象的指针，const 定义的是 int 类型，也就是 ptr 所指向的对象类型，而不是 ptr 本身，所以 ptr 可以不用赋初始值。但是不能通过 ptr 去修改所指对象的值。

除此之外，也不能使用 void*指针保存 const 对象的地址，必须使用 const void*类型的指针保存 const 对象的地址。

```
const int p=10;
const void *vp=&p;
void *vp=&p;//error
```

另外一个重点是：允许把非 const 对象的地址赋给指向 const 对象的指针。

```
const int *ptr;
```

```
int val=3;
ptr=&val;//ok
```

我们不能通过 ptr 指针来修改 val 的值，即使它指向的是非 const 对象。

我们不能使用指向 const 对象的指针修改基础对象，然而如果该指针指向了非 const 对象，可用其他方式修改其所指的对象。例如，可以通过指向非 const 对象的指针（如 ptr1）修改 const 指针所指向的值（如 val）。

```
int *ptr1=&val;
*ptr1=4;
cout << *ptr << endl;
```

□ tips：对于指向常量的指针，不能通过指针来修改对象的值。

□ tips：不能使用 void*指针保存 const 对象的地址，必须使用 const void*类型的指针保存 const 对象的地址。

□ tips：允许把非 const 对象的地址赋值给 const 对象的指针，如果要修改指针所指向的对象值，必须通过其他方式修改，不能直接通过当前指针修改。

2）常指针

const 指针必须进行初始化，且 const 指针的值不能修改。

```
#include <iostream>
using namespace std;
int main(){
  int num=0;
  int* const ptr=&num;/*const 指针必须初始化,且 const 指针的值
不能修改*/
  int* t=&num;
  *t=1;
  cout << *ptr << endl;
  return 0;
}
```

上述修改 ptr 指针所指向的值，可以通过非 const 指针来修改。

最后，当把一个 const 常量的地址赋值给 ptr 时，由于 ptr 指向的是一个变量，而不是 const 常量，所以会报错，出现“const int*-> int*”错误。

```
#include <iostream>
using namespace std;
int main(){
  const int num=0;
  int* const ptr=&num;//error! const int*-> int*
```

```
  cout << *ptr << endl;
  return 0;
}
```

上述若改为 const int *ptr 或者改为 const int * const ptr，就可以正常运行！

3）指向常量的常指针

理解了前两种情况，下面这个情况就比较好理解了。

```
const int p=3;
const int * const ptr=&p;
```

ptr 是一个 const 指针，然后指向了一个 int 类型的 const 对象。

5. 函数与 const

1）const 修饰函数返回值

const 修饰函数返回值和普通遍历及指针的含义相同。

例如，修饰普通变量：

```
const int func1();/*本身无意义，因为参数返回本身就是赋值给其他的变量*/
```

修饰指针：

```
const int* func2();           //指针指向的内容不变
int *const func2();           //指针本身不可变
const int *const func2();     //指针指向的内容及指针本身不可变
```

2）const 修饰函数参数

（1）传递过来的参数及指针本身在函数内不可变，无意义。

```
void func(const int var);  //传递过来的参数不可变
void func(int *const var); //指针本身不可变
```

表明参数在函数体内不能被修改，但此处没有任何意义，var 本身就是形参，在函数内不会改变，包括传入的形参是指针也是一样。

输入参数采用“值传递”，由于函数将自动产生临时变量用于复制该参数，该输入参数本来就不需要保护，所以不要加 const 修饰。

（2）参数指针所指内容为常量不可变。

```
void StringCopy(char *dst,const char *src);
```

其中，src 是输入参数，dst 是输出参数。给 src 加上 const 修饰后，如果函数体内的语句试图改动 src 的内容，编译器将指出错误。这就是加了 const 的作用之一。

（3）参数为引用，为了增加效率同时防止修改。

```
void func(const A &a)
```

对于非内部数据类型的参数而言，像 void func（A a）这样声明的函数注定效率比较低。因为函数体内将产生 A 类型的临时对象用于复制参数 a，而临时对象的构造、复制、析构过程都将消耗时间。

为了提高效率，可以将函数声明改为 void func（A &a），因为引用传递仅借用了参数的别名而已，不需要产生临时对象，为了防止函数体对参数的修改，需要加上const。

那是否应将 void func（int x）改写为 void func（const int &x），以便提高效率？完全没有必要，因为内部数据类型的参数不存在构造、析构的过程，而复制也非常快，"值传递"和"引用传递"的效率几乎相当。

? tips：对于非内部数据类型的输入参数，应该将"值传递"的方式改为 const 引用传递，目的是提高效率。

? tips：对于内部数据类型的输入参数，不要将值传递的方式改为 const 引用传递，否则既达不到提高效率的目的，又降低了函数的可理解性。

6. 类与 const

在一个类中，任何不会修改数据成员的函数都应该声明为 const 类型。如果在编写 const 成员函数时，不慎修改了数据成员，或者调用了其他非 const 成员函数，编译器将指出错误，这无疑会提高程序的健壮性。

使用 const 关键字进行修饰的成员函数，称为常成员函数。只有常成员函数才有资格操作常量或常对象，没有使用 const 关键字进行修饰的成员函数不能用来操作常对象。

对于类中的 const 成员变量必须通过初始化列表进行初始化，如下所示：

```
class Apple {
 private:
  int people[100];

 public:
  Apple(int i);
  const int apple_number;
};

Apple::Apple(int i):apple_number(i){}
```

const 对象只能访问 const 成员函数，而非 const 对象可以访问任意的成员函数（包括 const 成员函数）。

例如：

```
//apple.h
class Apple {
```

```
    private:
     int people[100];

    public:
     Apple(int i):apple_number(i){}
     const int apple_number;
     void take(int num)const { cout << "take func " << num <<
endl;};
     void sub(int num){ take(num);};
     void add(int num)const { take(num);};
     int getCount()const {
       take(1);
   //sub(100);//error
       return apple_number;
     };
   };

   //main.cpp
   #include "apple.h"
   #include <iostream>
   using namespace std;
   int main(){
     Apple a(2);
     cout << a.getCount()<< endl;
     a.add(10);
     const Apple b(3);
     b.add(100);
   //b.sub(3);//error
     return 0;
   }
```

输出:

```
take func 1
2
take func 10
take func 100
```

上面 getCount 方法中先调用了一个 take 成员函数，再调用了一个 sub 方法，而 sub 方法并非 const 修饰，所以运行报错，也就是说 const 对象只能访问 const 成员函数。

而 main 中 add 方法调用成功，证明了非 const 对象可以访问任意的成员函数（包括 const 成员函数）。另外，main 中的 const 对象调用 sub 函数失败，证明了 const 对象只能访问 const 成员函数。

除了上述的初始化 const 常量用初始化列表方式外，也可以采用下面的方法。

将常量定义与 static 结合，也就是：

```
static const int apple_number;
```

在外面初始化：

```
const int Apple::apple_number=10;
```

当然，如果使用 C++11 之后进行编译，可以直接定义并初始化，可以直接写成：

```
static const int apple_number=10;
//或者
const int apple_number=10;
```

在 C++11 中支持这两种方法，编译的时候加上-std=C++11 即可。

2.5.2　static 那些事

在 2.5.1 节中 static 与 const 结合在一起使用，本节将阐述 static 关键字在面试中的一些其他考点问题。

⍰ 面试考点

? 静态变量存储在内存哪个位置？

? static 全局变量与普通全局变量有什么区别？

? static 全局变量与普通局部变量有什么区别？

? static 函数与普通函数有什么区别？

当与不同类型一起使用时，static 关键字具有不同的含义。可以将 static 关键字应用在静态变量和静态类相关中。

（1）静态变量：普通全局变量与普通局部变量、类中的变量、函数中的变量。

（2）静态类相关：类对象、类中成员函数。

1. 静态变量

1）普通全局变量与普通局部变量

static 全局变量与普通全局变量、static 局部变量与普通局部变量的区别总结如表 2.7 所示。

表 2.7　全局变量与局部变量对比

对比	相同点	不同点
static 全局变量与普通全局变量	全局作用域、静态存储方式	（1）main 函数之前初始化并且仅初始化一次； （2）static 全局变量是文件作用域，只能在源文件中使用
static 局部变量与普通局部变量	都只有局部作用域	（1）static 局部变量只被初始化一次，自从第一次被初始化直到程序运行结束一直存在，而普通局部变量，只在作用域范围内有效； （2）static 局部变量在静态存储区，普通局部变量在栈区

2）函数中的静态变量

当变量声明为 static 时，空间将在程序的生命周期内分配。即使多次调用该函数，静态变量的空间也只分配一次，前一次调用中的变量值通过下一次函数调用传递。这对于在 C/C++或需要存储先前函数状态的任何其他应用程序中都非常有用。

```
void demo(){
//static variable
  static int count=0;
  cout << count << " ";
  count++;
}

int main(){
//输出 0 1 2 3 4
  for(int i=0;i < 5;i++)demo();
  return 0;
}
```

可以在上面的程序中看到变量 count 被声明为 static。因此，它的值通过函数调用来传递。每次调用函数时，都不会对变量计数进行初始化。

3）类中的静态变量

声明为 static 的变量只被初始化一次，因为它们在单独的静态存储中分配了空间，因此类中的静态变量由对象共享。对于不同的对象，不能有相同静态变量的多个副本。也是由于这个原因，静态变量不能使用构造函数初始化。

```
class Apple {
 public:
  static int i;
  Apple(){
//Do nothing
```

```
  };
};
int Apple::i=0;
int main(){
  Apple obj1;
  Apple obj2;
  obj1.i=2;
  obj2.i=3;
//prints value of i
  cout << obj1.i << " " << obj2.i;
  return 0;
}
```

以上输出3 3，static静态成员变量不能在类的内部初始化。在类的内部只是声明，定义必须在类定义体的外部，通常在类的实现文件中初始化（如上i的初始化）。

2. 静态类相关

1）类对象为静态

就像变量一样，对象也在声明为static时具有范围，直到程序的生命周期结束。考虑以下程序，其中对象是非静态的。

```
class Apple {
  int i;

 public:
  Apple(){
    i=0;
    cout << "Inside Constructor\n";
  }
  ~Apple(){ cout << "Inside Destructor\n";}
};

int main(){
  int x=0;
  if(x==0){
    Apple obj;
```

```
    }
    cout << "End of main\n";
    return 0;
}
```

输出：

```
Inside Constructor
Inside Destructor
End of main
```

在上面的程序中，对象在if块内声明为非静态。因此，变量的范围仅在if块内。当创建对象时，将调用构造函数，并且在if块的控制权越过时，同时调用析构函数，因为对象的范围仅在声明它的if块内。如果将对象声明为静态，现在让我们看看输出的变化。

```
if(x==0){
  static Apple obj;
}
```

输出：

```
Inside Constructor
End of main
Inside Destructor
```

可以清楚地看到输出的变化。现在，在 main 结束后调用析构函数。这是因为静态对象的范围是贯穿程序的生命周期的。

2）类中成员函数为静态

就像类中的静态数据成员或静态变量一样，静态成员函数也不依赖于类的对象。我们能够使用对象来调用静态成员函数，但建议使用类名和范围解析运算符调用静态成员。

允许静态成员函数仅访问静态数据成员或其他静态成员函数，它们无法访问类的非静态数据成员或成员函数。

```
class Apple {
 public:
//static member function
  static void printMsg(){ cout << "Welcome to C++!";}
};

int main(){
  Apple::printMsg();
```

```
  return 0;
}
```

输出：

```
Welcome to C++!
```

2.6　操作符重载那些事

在本节中，我们将带大家学习操作符重载相关的面试题，例如，new 与 malloc 的区别，其中有一点就与操作符重载相关。

2.6.1　重载操作符

面试考点

- 有哪些操作符不可以被重载？
- i++、++i 有什么区别？
- 如何重载前置与后置一元操作符？

1. 可重载操作符

根据类别不同，划分如表 2.8 所示。

表 2.8　可重载操作符

分类		运算符
位操作符		<<、>>、|、&（与）、~（非）、^（异或）
关系操作符		==、!=、<、>、<=、>=
算术操作符	一元操作符	++、--、+（正）、-（负）、*（指针）、&（取地址）
	二元操作符	=、+=、-=、*=、/=、%=、+（加）、-（减）、*（乘）、/（除）、%（取模）
赋值运算符		=、+=、-=、*=、/=、%=、&=、|=、^=、<<=、>>=
内存操作符		new、delete、new[]、delete[]
其他运算符		()、[]、->（成员访问）、,（逗号）

这些操作符的使用基本一致，基本写法如下：

返回值 operator 操作符（形参）{
//TODO
}

值得注意的是，像“++与”“--”这种操作符，又可以分为前置操作符与后置操作符。

i++与++i 的区别如下：

（1）i++返回原来的值，++i 返回+1 后的值。

（2）i++不能作为左值，++i 可以。

左值是可以取地址，并且可以放到赋值符号左边的变量，验证如下：

```
i++++;//error
++++i;//ok 见上述返回引用
int *p1=&(++i);//ok  可以取地址
int *p1=&(i++);//error
```

可以看到++i 与 i++有明显区别，对应到代码解释上述两点如下：

```
//++i
int& int::operator++(){
//TODO 实际++操作
++(*this);
  return *this;
}
//i++
int int::operator++(int){//返回
  int tmp(*this);
  operator++();//调用前置++
  return tmp;
}
```

前置“++”返回引用，可以作为左值使用，后置“++”返回的是一个非左值型，与前置有差别。从两者返回的值来说，前置“++”返回的是+1 后的值，后置“++”返回的还是原来的值。

上述前置“++”与后置“++”中使用到一个技巧：后置调用前置，在实际使用中经常会用到，如==与!=，代码片段如下：

```
inline bool operator==(const X& lhs,const X& rhs){
  //TODO
}
inline bool operator!=(const X& lhs,const X& rhs){
  return !operator==(lhs,rhs);
}
```

tips：不同操作符之间互相调用是一种不错的方式。

2. 不可重载操作符

不可重载操作符有如下几个：

（1）?：为三目操作符；

（2）. 为成员访问；

（3）::　为域操作符；

（4）.*、->*为成员指针访问操作符；

（5）#为预处理符号；

（6）sizeof 为取对象大小操作符；

（7）typeid 为对象类型操作符。

2.6.2　转换操作符

在 C++中，可以创建转换操作符，这些操作符允许编译器在类型和其他定义的类型之间进行转换。有两种类型的转换操作符，即隐式的和显式的。

⍰ 面试考点

? 如何理解转换操作符？

? 什么是隐式转换与显式转换？

? 显式转换失败情况下如何强转？

1. 隐式转换

隐式转换操作符允许编译器隐式地将用户定义类型的值转换为其他类型。

接下来以实际例子如：

```
class MyString {
 public:
//转换操作符
  operator const char*()const {
    cout << "conversion operator" << endl;
    return data_;
  }

 private:
  const char* data_;
};
void invoke(const char* myStr){}
```

调用处采用：

```
MyString str;
invoke(str)
```

此时发现编译完成，因为这里调用了 const char*转换操作符，将一个类转换为 const char*，发生了隐式转换，那如果完成下面的转换呢？

```
void invoke(MyString& myStr){}
void invoke(const char* myStr){}
```

这里添加另外一个 invoke 函数，随后调用如下：

```
invoke(MyString());
```

由于 MyString()返回的是非左值，那么必然调用第二个 invoke，也就是跟前面一样，进行了 const char *的隐式转化，我们的目标是调用第一个 invoke，可结果调用了第二个 invoke，这看起来是多么可怕的事情，于是显示转换解决了这一不安全事件。

2. 显式转换

与隐式转换操作符不同，被显式转换操作符修饰的类构造函数不能自动地进行隐式类型转换，只能进行显式类型转换。

对上述例子进行修改：

```
explicit operator const char*()const {
  cout << "conversion operator" << endl;
  return data_;
}
//调用

MyString str;
invoke(str);
```

使用显式转换，在 C++11 之后，可以添加 explicit 关键字来完成这一工作，我们来编译一下：

```
error:cannot convert 'MyString' to 'const char*'
```

此时转换是由编译器直接报错，这样在编译阶段可以避免一些错误。

那如何在显式下编译通过呢？可以进行前面提到的 static_cast 转换，或者 C 风格转换。

```
//C 风格转换
invoke((const char*)str);
//C++风格转换
```

```
const char* myStr=static_cast<const char*>(str);
invoke(myStr);
```

🄿 tips：显式转换失败情况下不建议进行强转，一定要跟实际场景相关。

2.6.3　重载 new 与 delete

🄿 面试考点

- new 与 delete 具体包含哪些过程？
- 什么时候会导致内存泄露，如何解决？
- 区分内存泄露与内存溢出。
- malloc 与 new 的区别是什么？
- Free Store 与 Heap 的区别是什么？
- free 怎么知道需要释放多大内存块？
- Placement new 与 Operation new 有什么区别？

1. 令人疑惑的 new 与 delete

当我们写一个 new 表达式，如 new T(arg)时，实际上包含了下面两部分。

1）申请内存

调用 operation new 申请足够的原生内存（一般底层是 malloc 函数实现），如果失败，就抛出 bad_alloc 异常。

2）构造对象

调用类型 T 的构造函数。

对应的 delete T 包含如下两部分：

（1）析构。调用类型 T 的析构函数。

（2）释放内存。调用 operation delete 函数释放内存（一般底层是 free 函数实现），释放的内存为对应指针的内存块大小。

对应的 new 及 delete 内部实现过程，如图 2.9 所示。

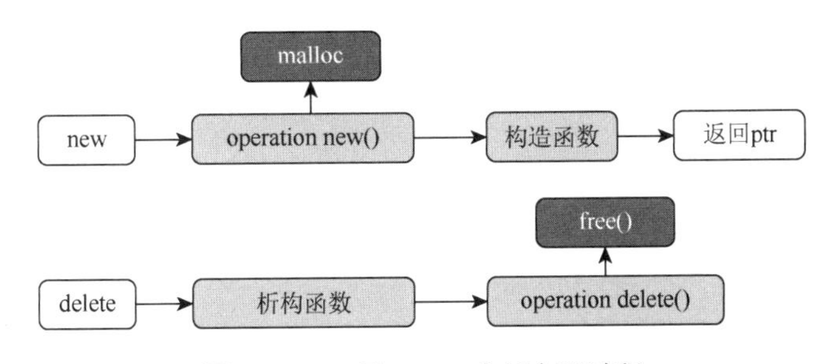

图 2.9　new 及 delete 内部实现过程

图 2.9 中浅灰色部分代表上述各自所包含的部分，深灰色代表底层实现。

C++中允许微调内存管理和对象在分配内存的构建/销毁。后者是通过为类编写构造和析构函数实现的，而前者则通过 operation new、operation delete 来实现。

☑ tips：为了更好地管理内存，可以通过重载 operation new/operation delete 来实现，谨慎使用全局的 operation new/operation delete 重载。

在 C++标准库中，operation new 与 operation delete 原型如下：

```
void* operator new(std::size_t)throw(std::bad_alloc);
void  operator delete(void*)throw();
void* operator new[](std::size_t)throw(std::bad_alloc);
void  operator delete[](void*)throw();
```

前两个为对象分配及释放内存，后两个为对象数组分配及释放内存。如果重载了 operation new，一定不要忘记重载 operation delete，operation new[]与 operation delete[]需同样操作。因为假设构造函数抛出异常，当调用 operation new 的时候，将寻找匹配的 operation delete 进行内存释放操作，如果没有，会调用默认的 operation delete，那么这将是错误的。

new/delete、new[]/delete[]成对使用，否则容易出现内存泄露问题。内存泄露指的是程序在申请内存后，无法释放已申请的内存空间，若干次内存泄露容易引发内存溢出。内存溢出指的是申请内存时，没有足够的内存提供给申请者，此时就报 OOM 错误。

了解了前面的一些知识后，让我们回想到在 C 语言中分配内存有函数 malloc，那么 malloc 与 new 的区别在于：

（1）自定义类型。malloc 不会像 new 那样，无法支持自定义类型对象构造和析构，它们只能动态地申请和释放内存。

（2）存储位置。new 出来的对象所在内存在 Free Store 区（自由存储区），而 malloc 申请的内存空间在 Heap（堆）上。

堆指的是：由 malloc/free 函数分配/释放的动态内存区域。

Free Store 指的是由 new/delete 分配/释放的动态内存区域。

new/delete 可以通过 malloc/free 实现，因此在技术上，它们可以是相同区域，也可以是不同区域（例如，用全局变量做的对象池实现 Free Store）。标准中未指定此内容，因此我们应该认为它们是不等价的，在使用的时候要区分 malloc/free 与 new/delete。

☑ tips：注意区分 malloc/free 与 new/delete，Heap 与 Free Store。

在实际使用 new 的时候，一般是：

```
Foo* ptr1=new Foo();
delete ptr1;
```

```
Foo* ptr2=new Foo[5];
delete[] ptr2;
```

其中一个应该值得注意的问题是：为什么 delete（free）知道需要释放多大内存块？

假设这里 delete 的底层实现是 free，在使用 malloc 函数时已经确定了多大的内存块，实际分配的空间比要求大一些，因为需要存储额外的空间来记录内存块信息，例如，指向下一个分配块指针、长度等，那么使用 free 函数时直接读取到对应信息即可。

2. placement new

在 C++中，除了前面的 operation new，还有 placement new，需要在某个地址处创建对象，称为定点的 new，在标准库中，允许对其进行重载，原型如下：

```
void* operator  new(std::size_t,void*  p)throw(std::bad_alloc);
void  operator delete(void* p,void*)throw();
void* operator new[](std::size_t,void* p)throw(std::bad_alloc);
void  operator delete[](void* p,void*)throw();
```

实际使用中，在设计线程安全的单例模式中会用到，例如，p=new singleton；这条语句会被拆解为：

（1）分配能够存储 singleton 对象的内存；

（2）在被分配的内存中构造一个 singleton 对象；

（3）让 p 指向这块被分配的内存。

但是在多线程环境下，实际执行顺序会有所不同，出现内存读写的乱序执行，因此解决方法也比较简单，只需要按照上述拆解的步骤执行每步操作即可。

```
//step1 分配能够存储'singleton'对象的内存
Singleton *tmp=static_cast<Singleton *>(operator new(sizeof(Singleton)));
//step2 在被分配的内存中构造一个 singleton 对象
new(p)Singleton();//placement new
//step3 让 p 指向这块被分配的内存
p=tmp;
```

3. 类的 new 和 delete

在进行内存管理的时候，经常创建和销毁特定类或一组相关类的实例，此时使用特定类的 new 和 delete。类中重载 new 和 delete 行为就像静态成员函数。实际使用如下：

```
class SpecClass {
 public:
//...
  void* operator new(size_t);
  void operator delete(void*,std::size_t);
  void* operator new[](size_t);
  void operator delete[](void*,std::size_t);
//...
};
```

第 3 章　拥抱新变化

C++标准中，大家经常使用的版本有 C++98，经过十多年的发展，诞生了 C++11 版本，该版本在面试及实际生产环境开发中使用非常广泛。随后开发者每隔 3 年相继发布了 C++14、C++17、C++20 版本，在语法上，这些新版本有着很大的区别，同时也支持了一些特性，我们需要在学习的同时，拥抱 C++标准的变化，为自己的学习铺路，因为 C++11 的重要性，本节也将围绕该版本展开。

C++11 对容器类的方法做了三项主要修改。首先，新增的右值引用使得能够给容器提供移动语义。其次，由于新增了模板类 initilizer_list，因此新增了将 initilizer_list 作为参数的构造函数和赋值运算符。最后，新增的可变参数模板（variadic template）和函数参数包（parameter pack）使得可以提供就地创建（emplacement）方法。

3.1　新的初始化那些事

C++98/03 中支持普通数组初始化、POD（plain old data）类型的初始化、拷贝初始化以及直接初始化，其中普通数组初始化及 POD 类型的初始化便是 C++11 初始化列表的方式。在 C++11 之前，初始化方法有小括号、大括号、赋值操作符等多种方式，对于初学者来说，这些方式非常困惑，而 C++11 便基于此原因引入了“统一初始化”的概念，这使得在初始化的地方只需要使用{}，便可以完成我们的工作。

3.1.1　C++98/03 初始化方式

面试考点

C++98/03 初始化方式有哪些？

1. 普通数组初始化

例如：

```
//普通数组
int arr[]={1,2};
```

2. POD 类型初始化

POD 是 C++定义的一类数据结构概念，例如，基本数据类型、指针、union、数组等。Plain 指的是它是一个普通类型，Old 代表它可以与 C 兼容，例如，像 memcpy()这种函数，POD 类或结构体通过二进制复制后依然能保持数据结构不变。下面以一个 POD 类型初始化为例：

```
struct Person {
  long long id;    //身份证
  string name;     //姓名
  struct Wife {
    long long id;  //身份证
    string name;   //姓名
  } wife;
};

//调用
//POD 类型
Person s={123090199901190321,"Tom",{123090199901190322,
"Alice"}};
```

上述例子中，定义了一个 POD 类型结构体，在后面调用处，可以看到初始化方式同上述普通数组初始化方式相同，这两个便是 C++11 之前的初始化列表方式。

3. 拷贝初始化

通过采用赋值操作符完成拷贝初始化。

例如，定义一个 int 数、创建一个类的对象。

```
class CopyInstance {
 public:
  CopyInstance(int){};
};

//调用
//拷贝初始化
int cp=0;
```

```
CopyInstance ci=123
```

4. 直接初始化

除了{}、赋值操作符，还可以使用小括号进行初始化。

例如，初始化一个 int 数：

```
//直接初始化
int i(0);
```

3.1.2　统一初始化

▯ 面试考点

❓ 什么是统一初始化？

C++98 中有多种初始化方式，而 C++11 使用统一初始化的方式，适用于所有类型的初始化。

例如，一些常见的初始化。

```
struct Pointer {
  int x_;
  int y_;
  Pointer(int x,int y):x_(x),y_(y){
    std::cout << "ctor print" << std::endl;
  }
};

//调用
Pointer p{2,3};
std::vector<int> v{1,2,3};
std::set<int> s{1,2,3};
std::map<int,std::string> m{{1,"tom"},{2,"alice"}};
```

在上述例子中，我们列举了结构体的构造函数、一些容器的初始化，那使用{}背后的原理又是什么呢？我们往后看初始化列表。

3.1.3　初始化列表

▯ 面试考点

? 初始化列表背后的实现原理是什么？

? 如何保证某个对象的构造函数被显式调用？

? 如何防止类型收窄？

使用{}实现的统一初始化引出了一个新的概念称为 initializer list，像前面容器的调用，以下面这个调用为例：

```
std::vector<int> v{1,2,3};
```

{1, 2, 3}会转换成 std::initializer_list，并调用带 initializer_list<int>参数的构造函数。下面实现一个仿照vector接收多个参数的类，实际上只需要添加带 initializer_list<T>的构造函数即可。

```
struct Pointer {
  int x_;
  int y_;
  Pointer(int x,int y):x_(x),y_(y){
    std::cout << "ctor print" << std::endl;
  }
  Pointer(std::initializer_list<int> list){
    std::cout << "initializer_list ctor print" <<
std::endl;
  }
};
```

在该例子中，加入了 initializer_list<int>参数的构造函数。此时，调用：

```
Pointer p(2,3);//输出:ctor print
Pointer p{2,3};//输出:initializer_list ctor print
```

第一个调用的是 Pointer(int x，int y)构造函数，第二个调用的是 Pointer（std::initializer_list<int>list），可以推测出同等情况下会优先调用初始化列表的构造函数，这便引发了一个问题：如果希望对象的某个构造函数必须要被显式调用，那该如何做呢？

只需要向构造函数添加 explicit 关键字，特别是 STL 库中可以看到大量的这种代码，我们对上述构造函数进行改造如下：

```
explicit Pointer(int x,int y):x_(x),y_(y){
  std::cout << "ctor print" << std::endl;
}
```

此时按照 Pointer p{2, 3}；调用，输出 ctor print，这样便可以做到，当参数匹配上的时候，优先显式调用对应的构造函数，而不是带初始化列表的构造函数。

初始化列表使用起来非常的简单，不仅如此，初始化列表也防止了类型的收窄，一旦出现类型收窄问题，便会报 narrowing conversion 错误。

例如，float 转 int：

```
int x1(1.2);   //ok
int x2={1.2};  //error
```

double 转 int 类型，出现类型收窄，初始化列表可以提醒你，防止这类错误。

3.2 优选 nullptr 那些事

可能每个人在编写 C 代码或者 C++98/03 版本的代码时比较乐于使用 NULL，在使用过程中也遇到过一些陷阱，而 C++11 使用 nullptr 解决了这些问题，让我们来全面分析一下。

3.2.1 C 与 C++的 NULL

面试考点

- C 与 C++的 NULL 有什么区别？
- C++11 之前使用 NULL 会产生哪些问题？

在 C 语言中，我们通常这样写代码：

```
Test *t=NULL;
```

实际上这里的 NULL 被定义如下：

```
#define NULL((void*)0)
```

可以看到，C 中的 NULL 实际上是一个 void*的指针，在 Test*例子中，NULL 会隐式转换成对应的类型。因为 C++是强类型的，所以如果放到 C++里面，则编译器是要报错的，所以在 C++中的 NULL 便是 0，具体定义为：

```
#define NULL 0
```

根据这些定义，在实际中使用会出现下面一些问题。

1. 隐式转换

```
char * s=NULL;    //隐式转换 void*-> char*
int i=NULL;       //OK，但是 i 不是指针类型
```

2. 函数模糊调用

```
void f(int){std::cout << "I am f(int)" << std::endl;}
void f(int*){std::cout << "I am f(int*)" << std::endl;}
```

调用 f(NULL)，此时编译器报错，不知道调用上述哪个函数。

3. 构造函数重载

```
class Test {
 public:
  Test(int){}
  Test(int*){}
};
```

调用*Test t(NULL)，同上述问题，编译器不知道调用哪个构造函数。

解决该问题实际上可以调用 Test t((int*)0)。

自 C++11 之后，引入了 nullptr 来解决以上问题。

3.2.2 nullptr 与 nullptr_t

? 面试考点

? nullptr 与 nullptr_t 的联系是什么？

? nullptr_t 可以比较吗？

? nullptr_t 可以转 bool 类型吗？

nullptr 是一个空指针常量，针对上述问题，可以直接调用 Test t(nullptr)。

现假设：

```
auto np=nullptr;
Test t3(np);
```

那 np 的类型是什么呢？

事实上，nullptr 有它自己的类型，即 std::nullptr_t，它也可以隐式转换为指针类型。因此，变量 np 现在的类型是 nullptr_t，并且可以转换为 int*，但不能转换为 int，因此调用 Test(int*)重载函数。

? tips：在需要通用空指针的地方，使用 nullptr 而不是 NULL、0。

此外，nullptr_t 是可比较的且可转换为 bool 类型。

1. 可比较

例如：

```
int* ptr=nullptr;
if(ptr==0){ }           //OK
if(ptr <=nullptr){ }    //OK

int a=0;
```

```
if(a==ptr){                  //error
}
```

nullptr_t 类型可以与 nullptr_t 类型或指针类型进行比较，像语句 a==ptr 是其他类型与 nullptr_t 类型进行比较，这是错误的。

2. nullptr_t 类型转 bool 类型

从 nullptr_t 转换到 bool 类型，只允许直接初始化，而不允许复制初始化。

例如，变量与函数传递之间的转换。

```
void f(bool){}

//调用
bool b1=nullptr;                    //error
bool b2(nullptr);                   //ok
bool b3{nullptr};                   //ok
f(nullptr);                         //error
f(static_cast<bool>(nullptr));  //ok
```

可以看到 b1 与 f(nullptr)会直接报错，提示只允许直接初始化方式。

3.3　变量的自动类型推断那些事

早在 C++98 时期就存在 auto 关键字，当时的 auto 关键字仅用于声明变量为自动变量，用处极少，因此在 C++11 之后删除了该用法，提出了全新的 auto，在面试的时候，一旦涉及与 C++11 相关的语法时，auto 将是必答选项，它在基于范围的 for 循环、lambda 等新特性中经常出现。接下来，将会阐述 auto 的一些常用用法以及注意要点等。

3.3.1　auto 推断

□ 面试考点

? auto 推断的基本用法及适用场景有哪些？

在 auto 推断的时候，经常与引用、指针、const 有所联系，那究竟有什么关系呢？

例如，一个函数返回引用，那用 auto 之后推断是什么类型呢？

```
int& f();
auto fvalue=f();
```

在 C++11 中，auto 默认采用的方式，上面 fvalue 是 int 类型，如果采用下面这种便是 int&类型。

```
auto& fvalue=f();
```

当然，也可以同 const 结合，例如：

```
const auto& fvalue=f();
```

推断为 const int& 类型，或者同指针结合在一块。

```
int* f();
auto p=f();
auto* pf=f();
const auto* pc=f();
```

p 推断为 int*，也可以显式指定 pf 为 int*类型，pc 推断为 const int*类型。另外，auto 适用场景特别多，如基于范围的 for 循环、模板函数、lambda 等，这里只列举比较常见的情况。

1. 基于范围的 for 循环

使用 auto 代替冗长的迭代器操作，例如：

```
for(std::vector<std::string>::iterator i=v.begin();i !=v.end();i++){
//TODO
}
```

有了 auto，上述语句可以变为

```
for(auto i=v.begin();i !=v.end();i++){
//TODO
}
```

甚至可以同基于范围的 for 循环使用，例如：

```
for(auto x:container);
```

更多使用可以参见 3.4.2 节不同 for 循环的分类。

2. 模板函数

在模板函数内部类型推断方面，有了 auto 方便许多，例如：

```
template <typename_X,typename_Y>
auto Add(_X x,_Y y)-> decltype(x+y){
  //auto res=x+y;
  return x+y;
```

```
}
```

模板函数内部可以非常方便地使用 auto，同时在返回值处可以采用 auto 作为返回值占位，真正返回值是后面的 decltype(x+y)。C++14 之后可以去掉后面的 decltype(x+y)。此处如果把 decltype(x+y)放到前面，由于 x 与 y 还没声明，自然无法通过编译。当然也可以像下面这样：

```
template <typename _X,typename _Y>
decltype(*(_X*)0+*(_Y*)0)Add2(_X x,_Y y){
  return x+y;
}
```

其中，“+”前半部分是 0 转换为指针类型_X*，前面加一个“*”解引用，后半部分类似，然后将结果加起来，使用 decltype 推断该表达式类型，作为函数返回值类型。

值得注意的是，decltype 可以针对一个变量或表达式推断出它的类型，诸如上述例子推断出 x+y 的类型。

3. lambda 表达式

在实际场景中，我们需要写一些排序，例如，一个学生数据按照从大到小排序。

```
std::vector<int> scores{89,80,100,99,0};
auto cmp=[](int x,int y){ return x > y;};
sort(scores.begin(),scores.end(),cmp);
```

当然还可以把 auto 放到 lambda 表达式的（）里面，由于这是 C++14 之后的语法，这里就不多阐述了。

3.3.2 auto 原理

⊡ 面试考点

❓ auto 与 decltype 的区别是什么？

❓ auto 的推断原理是什么？

3.3.1 节中提到了 decltype，这个与 auto 的区别是什么呢？C++11 有了 auto，为什么还需要 decltype 呢？

两者含义不同，auto 允许我们声明变量，而 decltype 允许我们从一个变量或表达式推断类型，同时也可以声明变量。这里使用比较通俗的语言来理解这两个区别：当需要某个表达式返回值类型却不想执行它的时候用 decltype。例如：

```
auto z=x+y;
decltype(x+y)p;
```

这里 auto 虽然在编译期推断出 z 类型，但是需要在运行时执行 x+y。decltype 通过编译器分析表达式推断类型，同时不需要执行运算。auto 需要做初始化，decltype 则不需要。另外，auto 总是去除引用和 CV 修饰符，而 decltype 则不会去掉。例如：

```
std::vector<int> vc{1,2,3};
auto x=vc[0];
decltype(vc[0])y=x;
```

上述推断结果为：x 是 int 类型，y 是 int&类型。

auto 的推断使用的是模板实参推断机制，auto 可以使用一个模板参数 T 替代，然后推断。换句话说，auto 利用了模板参数的实参推断，承担了 T 的作用。例如：

```
auto x=container.begin();
```

等价于

```
template<typename T>
void Deduce(T);

//调用
Deduce(v.begin());
```

此外，initializer_list 是一个例外，因为模板不能对此进行推断，而在 auto 中对于单个元素的初始化采用{}，将不会视作 initializer_list。auto 变量的多个元素初始化必须使用“=”，例如：

```
auto f1{1,2,3};    //error
auto f2={1,2,3};   //ok

Deduce(f2);        //error 模板不支持
```

可以看到 f1 初始化失败，f2 成功，模板推断失败。

3.4　基于范围的 for 循环那些事

自 C++11 之后，引入了 range based for loop，使得我们使用 for 循环更加简单，在日常使用及面试中也经常会遇到诸如在 for 里面加 const、&的区别，range based for loop 展开又是什么，如何让自定义类型与该特性一起使用等问题，本节将进行详细阐述。

3.4.1　基本概述

▣ 面试考点

❓基于范围的 for 循环会被展开成什么？

在 C++98/03 版本的年代，我们使用的 for 循环可以通过常规的 index 遍历，也可以通过迭代器遍历，诸如：

```
std::vector<int> v{1,2,3};
//index 遍历
for(int i=0;i <=v.size();i++){
//TODO
}
//迭代器遍历
for(std::vector<int>::iterator it=v.begin();it !=v.end();
++it){
//TODO
}
```

不管采用哪种方式遍历，都需要明确 for 循环的开头及结尾条件，而了解 Python 语言的都知道存在一种 for 循环，不需要明确给定容器的开启和结束条件，便可以遍历整个容器，而 C++11 引入了基于范围的 for 循环（range based for loop），对应的表述方式如下：

```
for(range_declaration:range_expression)loop_statement
```

在编译的时候会被展开为

```
{
  auto&&__range=range_expression;
  for(auto__begin=begin_expr,__end=end_expr;__begin  !=
__end;++__begin){
    range_declaration=*__begin;
    loop_statement
  }
}
```

展开中的 begin_expr 和 end_expr 分别调用 std::begin（container）和 std::end(container)，而这两个函数分别调用 begin()和 end()函数来确定左右边界。

所以如果想要使用 C++11 循环方式来遍历自定义类型，就需要：

（1）为该类型提供 begin()和 end()两个成员函数，当然也可以自定义函数实现 begin()与 end()的功能，并将其与该类放在同一命名空间下即可。

（2）提供一个迭代器类型，同时要求该迭代器可以复制，需重载!=、前置++和解引用*操作符。

3.4.2　基于范围的 for 循环分类

面试考点

基于范围的 for 循环分类有哪些？

如何更好地使用基于范围的 for 循环？

基于范围的 for 循环可以分为以下四种：

```
for(auto x:container);
for(auto& x:container);
for(const auto& x:container);
for(auto&& x:container);
```

第一种：for(auto x: container)。

被遍历的每个元素都会被复制一次，所以像 std::unique_ptr 这种禁止复制的元素是不能采用这种方式进行遍历的。下面给出这种特例，自己定义一个禁止复制的类，vector 中的元素是自定义类型，然后使用基于范围的 for 循环，我们会看到报错。

```
class Foo {
 public:
  Foo(const Foo&)=delete;
};
int main(){
  vector<Foo> vf;
  for(auto v:vf){//error!
  }
  return 0;
}
```

编译器会执行报错，error: use of deleted function ‘Foo::Foo(const Foo&)’，据此可以验证，针对不可复制的元素不能使用该方式的循环。

第二种：for(auto& x: container)。

不同于第一种方式，该方式下元素不会被复制，而且在遍历的时候可以被修改，这也是加“&”的意义，但是在遍历的对象是 vector<bool>的时候会出问题。因为 vector<bool>是 vector<T>的一个特化，内部返回_Bit_reference，而它是另外一个结构体，返回的是一个右值，不能将类型的非 const 左值引用绑定到右值，因此一旦执行了下面的代码：

```
vector<bool> vb;
for(auto& v:vb){
}
```

便会报错：

```
error: cannot bind non-const lvalue reference of type 'std::_Bit_reference&' to an rvalue of type 'std::_Bit_iterator::reference' {aka 'std::_Bit_reference'}
```

这里值得注意的是，vector<bool>使用了代理迭代器（proxy iterator）模式，代理迭代器在解引用的时候，不返回 bool&，而是返回一个临时对象，这个对象是一个可以表达 bool 的代理类（proxy class）。

第三种：for(const auto& x: container)。

这种情况不允许用户对容器类元素进行修改，除此之外，适用于绝大部分场景，const 的左值引用可以接受这个类型的任意对象，作为引用，也不会引起额外复制开销。

第四种：for(auto&& x: container)。

auto&&称为万能引用（universal references），由于引用折叠（或引用坍缩），auto 推断的类型会根据实际类型做出变化，所以这种情况可以接受任意类型，并且可以修改其中的元素。万能引用与引用折叠详见后面的叙述。

3.4.3　支持自定义类型

面试考点

如何让自定义类型与基于范围的 for 循环协作？

在 3.4.1 节最后提到了使用 C++11 基于范围的 for 循环遍历自定义类型，需要两大步骤。

第一步：需要 begin 与 end 函数。

第二步：需要迭代器，并需要迭代器支持*、前置++、!=操作符重载（根据上述编译展开源码分析得来）。

接下来，实现一个 C 数组类型，并让其与基于范围的 for 循环协作，最终的效果如下：

```
CArray<int> arr{1,2,3};
```

```
for(auto& c:arr){
  c=10;
  std::cout << c << std::endl;
}
```

该代码支持统一初始化方式，并支持基于范围的 for 循环，当然也支持 3.4.2 节提起的其他三种遍历方式，下面我们来分步实现。

第一步：提供 begin 与 end 函数，这里直接在类中写 begin 与 end 函数，同时我们需要完成构造与析构函数、内部成员。

```
template <typename Tp>
class CArray {
 public:
  using value_type=Tp;
  using reference=Tp&;
  using size_type=size_t;
 public:
  CArray(std::initializer_list<value_type> list){
    len=0;
    data=new value_type[len];
    for(const auto& v:list){
      data[len++]=v;
    }
  }
  ~CArray(){
    if(len > 0)delete[] data;
  }

  Iterator begin()const { return Iterator(data);}
  Iterator end()const { return Iterator(data+len);}

//TODO

 private:
  size_type len;
  value_type* data;
};
```

这里定义了一个类模板，并让其支持初始化列表，编写了带 std:: initializer_list 的构造函数，在构造函数中为内部成员分配内存，析构函数中释放内存。当然，上述还有一些 using 用法，大家暂且将其视作 typedef，后面将会详细展开。

第二步：提供迭代器支持能力，上述 begin 与 end 返回都有 Iterator，这个便是我们自己定义的迭代器，下面补充完整迭代器。

```
template <typename Tp>
class CArray {
 public:
//TODO
  class Iterator {
   public:
    Iterator(value_type* ptr):ptr_(ptr){}
    Iterator operator++(){
      ++ptr_;
      return *this;
    }
    bool operator!=(const Iterator& other)const { return
ptr_!=other.ptr_;}
    reference operator*()const { return *ptr_;}

   private:
    value_type* ptr_;
  };
//TODO
};
```

以上便是迭代器在我们自定义类型内部的定义，分别重载了前自增++、!=、*操作符。

有了这两步，我们便可以像 vector 及其他容器那样，轻松地使用 for 循环，这便是如何让自定义类型与基于范围的 for 循环协作地优雅实现。

3.5　右值引用那些事

C++11 引入了右值引用（rvalue references），令大家熟知的移动语义（move semantic）、完美转发（perfect forwarding）都建立在此基础上。你可能会很好奇，&&什么情况下会代表右值引用，什么情况下代表万能引用，与万能引用相关的引用折叠又怎么理解，在日常开发中 std::forward 究竟怎么实现，诸如此类的问题。学完本节可以更好地帮助我们理解前面基于范围 for 循环中使用&&以及 vector＜bool＞问题。

3.5.1 左值与右值

▣ 面试考点

❓ 如何区分左值与右值、将亡值等概念？

C++98/03 中只有左值和右值，C++11 之后对表达式的分类不再是非左即右这么简单，而是分为左值、将亡值、广义左值、右值和纯右值。

1. 左值（lvalue）

左值具有标识符，可以放在等号左边的表达式，仍旧是传统的左值。例如：

（1）字符串字面量，虽然不具名，但可以取地址。

（2）表达式类型是左值引用（lvalue reference），那该表达式就是左值。

（3）变量、数据成员等。

2. 将亡值（xvalue）

生命周期即将结束的值。xvalue 同 lvalue 一样有标识符，但是不能取地址，这一点同 prvalue。例如：

（1）对象类型右值引用转换，如 static_cast<int&&>(1)、std::move(1)。

（2）函数返回对象类型的右值引用。

例如：

```
int&& f(){
    return 3;
}
//调用
f();
```

此时 f()属于将亡值。

3. 广义左值（generalized lvalue）

广义左值包括左值与将亡值。

4. 右值

右值包括纯右值与将亡值。

5. 纯右值（prvalue）

纯右值没有标识符、不可取地址，一般称为“临时对象”，例如：

（1）返回非引用类型的表达式，如 x+1。

（2）字面量（除字符串字面量）。例如，42、true 等都是 prvalue，但是字符串字面量像“hello”是左值。

以上分类的总结如图 3.1 所示。

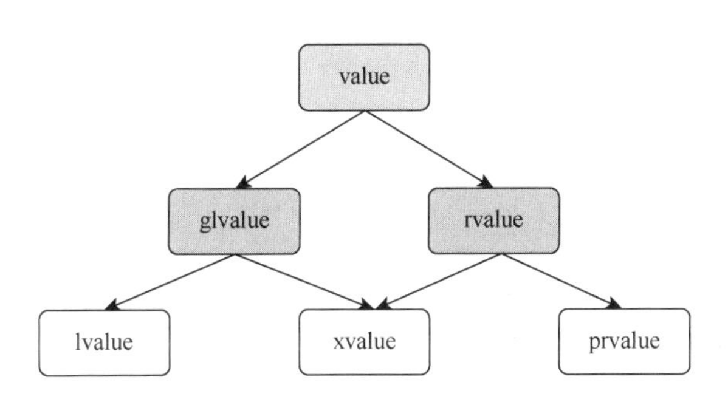

图 3.1　表达式分类图

3.5.2　万能引用

▯ 面试考点

❓如何理解万能引用与右值引用、左值引用？

❓左值引用与右值引用、常左值引用的绑定规则是什么？

有了前面的概念之后，C++11 也引入了右值引用，基于此引出了万能引用（universal references），或者称为转发引用、通用引用等，原因是&&既可以代表右值引用，也可能是左值引用。

右值引用指的是只能绑定到右值的新引用类型，语法上是&&，而左值引用语法是&。这里要注意，&&并不是引用的引用，这在 C++是不允许的。

具体表现在如下场景：

```
Foo&& f1=getFoo();      //&&是右值引用
auto&& f2=f1;           //&&是万能引用中的左值引用
```

可以看到&&可以代表右值引用，也可以代表左值引用，当然引用绑定值有一定的要求，具体要求可以分为以下三种：

（1）右值引用只能绑定到右值；

（2）左值引用可以绑定到左值；

（3）常左值引用可以绑定到右值。

值得一提的是最后一种，即常左值引用，例如：

```
std::string& s1="a";         //error
const std::string& s2="a";   //ok
```

s1 是左值引用，不可以绑定到右值，而 s2 是常左值引用，可以绑定到右值。

到这里，我们可以非常轻松地解释 3.4.2 节基于范围的 for 第二类中的 vector<bool>问题，之前报错如下：

```
error:cannot bind non-const lvalue reference of type 'std::_Bit_reference&' to an rvalue of type 'std::_Bit_iterator::reference' {aka 'std::_Bit_reference'}
```

简单地转换为伪代码如下：

```
std::_Bit_reference& x=std::_Bit_iterator::reference(); //error
const std::_Bit_reference& x=std::_Bit_iterator::reference();//ok
```

道理同前面 s1 与 s2 一致。

3.5.3 区分万能引用

▣ 面试考点

? &&什么情况是万能引用，什么情况只是右值引用？

一旦看到&&，就说它是右值引用或者说它是万能引用，这正确吗？

回顾 3.5.2 节的例子：

```
Foo&& f1=getFoo();     //&&是右值引用
auto&& f2=f1;          //&&是万能引用中的左值引用
```

可以对 f1 取地址，f1 是一个左值（lvalue），f2 的类型声明是 auto&&，它就是万能引用，根据前面的规则，左值引用绑定左值，故而 f2 就推断成左值引用。

如果不仔细分析这段代码，会错误地将 f2 看作右值引用，类型声明&&通常会误导我们得出此结论。实际上，上述 f2 等价于：

```
Foo& f2=f1;
```

万能引用除了 auto 使用外，在函数模板的参数中极为常见，例如，下面定义一个模板函数：

```
template<typename T>
void f(T&& p){ }
```

我们调用如下：

```
//第一种
f(1);
//第二种
int x=1;
f(x);
```

给出两种调用方式，下面来分析一下。

第一种：因为 1 是一个字面值，且不能取地址，所以 1 是一个右值，而根据 3.5.2 节的绑定规则，只有右值引用可以绑定右值（T 前面没有 const，不可能为常左值引用绑定右值），故参数 p 推断成右值引用，即 int&&。

第二种：x 具有标识符，可以取地址，是一个左值，根据 3.5.2 节的绑定规则，只有左值引用可以绑定左值，故参数 p 推断成左值引用，即 int&。

所以上面&&代表万能引用。由于 auto 与函数模板实参推断原理一致，因此两者区分万能引用推断的结果也一致。

3.5.4　引用折叠

▣ 面试考点

❓ 引用折叠在 auto 与函数模板的应用及规则是什么？

引用折叠问题来源于 C++不允许出现引用的引用，例如：

```
Foo f;
Foo& & f1=f;//error
```

其中，f1 为引用的引用，而 C++不允许出现引用的引用，因此直接报错，像 3.5.3 节中调用的例子，f(1)在调用时，T 被推导为 T&&，那么 f(T&& p)就是 f(T&& && p)，同理 f(x)调用时，T 被推导为 T&，那么 f(T&& p)就是 T(T& && p)。

但是上述出现了引用的引用，为了避免编译器对这个代码报错，C++11 引入了引用折叠来处理这种情况。引用折叠只需要记住以下两个规则：

（1）右值引用到右值引用会折叠为一个右值引用。

（2）所有其他种类的“引用的引用”都会折叠为左值引用。

所以像前面 3.5.2 节例子中 auto 同函数模板一样，会发生引用折叠，例如：

```
auto&& f2=f1;
```

会变成以下非法代码：

```
Foo& && f2=f1;
```

有了引用折叠后，变为

```
Foo& f2=f1;
```

3.5.5 完美转发

☐ 面试考点

? 表达式的左右值性与类型的关系是什么？

? 完美转发解决了什么问题？

? std::forward 的实现原理是什么？

在 3.5.3 节最开始的时候有 f1 与 f2 的例子。f1 是一个左值，但它的类型是右值引用类型，f2 是一个左值，但它的类型是左值引用类型。因为表达式左右值性与类型无关，左右值性指的是左、右值相关概念，类型指的是左、右值引用类型。在 C++里面所有的原生类型、类、枚举、结构体、联合体都是值类型，只有引用和指针才是引用类型。

换言之，一个绑定到万能引用的对象可能是左值或右值，由于这种二义性，所以需要完美转发，假设有一个对象是左值，但它的类型是万能引用，如果该对象绑定到右值上面，就需要把它转换为右值。std::forward 就是转发，能够在传递参数的时候，保证原来的左值性或右值性。

例如，未使用完美转发之前的例子。

```
void foo(int&){ puts("foo(int&)");}
void foo(int&&){ puts("foo(int&&)");}
template <typename T>
void bar(T&& s){
  foo(s);
}
int main(){
  int t=1;
  bar(t);
  bar(1);
  return 0;
}
```

我们来分析一下调用过程。

bar(t)调用过程为：t 是左值，s 推断为左值引用，那么内部 foo(s)调用便是调用 foo(int&);

bar(1)调用过程为：1 是右值，s 推断为右值引用，s 是可取地址，是一个左值（表达式左右值性与类型无关），我们想调用 foo(int&&)，结果却调用了 foo(int&)。

在 bar(1)调用过程中，传递的是右值，参数 s 是一个左值，类型是右值引用，随后却要将该对象(s)绑定到左值引用上，我们需要将其转换为右值，并调用对应的右值引用重载函数。

std::forward()帮我们解决了这种问题，将上述 foo(s)替换为 foo(std::forward<T>(s))。接下来，看一下 std::forward()的基本实现。

（1）转发左值。

```
template<typename _Tp>
constexpr _Tp&&
forward(typename  std::remove_reference<_Tp>::type& __t)
noexcept {
   return static_cast<_Tp&&>(__t);
}
```

先获得类型 type，并取出_Tp 的&，声明__t 为左值的左值引用类型，通过 static_cast 进行强转，返回类型_Tp&&会进行引用折叠，如果_Tp 是_Tp&，折叠为_Tp&，如果_Tp 是_Tp&&，折叠仍旧为_Tp&&，便会调用下面的转发右值函数。

（2）转发右值。

```
template<typename _Tp>
constexpr _Tp&&
forward(typename std::remove_reference<_Tp>::type&& __t)
noexcept {
   static_assert(!std::is_lvalue_reference<_Tp>::value,
"template argument"
         " substituting _Tp is an lvalue reference type");
   return static_cast<_Tp&&>(__t);
}
```

先获得类型 type，并取出_Tp 的&，声明__t 为左值的右值引用类型，通过 static_cast 进行强转，返回类型_Tp&&会进行引用折叠，如果_Tp 是_Tp&&，折叠仍旧为_Tp&&，如果_Tp 是_Tp&，则折叠为_Tp&，便会调用上面的转发左值函数。

3.5.6　移动语义

▯ 面试考点

? autoptr 有哪些不足，uniqueptr 做了什么改进？

? 移动语义解决了什么问题？

❓移动构造与复制构造有什么区别？

❓移动赋值与复制赋值有什么区别？

❓std::move 的实现原理及作用是什么？

在一开始的时候，提到过右值引用除了在完美转发上应用，在移动语义上也广泛应用。移动语义指的是需要该资源值时，采用转移而不是复制的方式。

移动语义在实际使用时具有以下两个作用。

（1）可以将昂贵的复制转换为开销较低的移动操作，但是像 int、double 对象在复制与移动操作时，开销并不会相差太多。

（2）可以实现安全的“仅移动”类型。换言之，就是对于复制没有意义，但对于移动有意义的类型，如锁、文件句柄、unique_ptr 智能指针。

C++98 中提供了智能指针 autoptr，而在 C++11 中引入了 uniqueptr 来解决不安全行为，下面以 auto_ptr 为例，详细展开移动语义的意义。在实际使用时，操作如下：

```
std::auto_ptr<Animal> a(new Cat);
```

这里创建了一个智能指针对象，a 对象内部的 ptr 指向了 cat 对象，如图 3.2 所示。

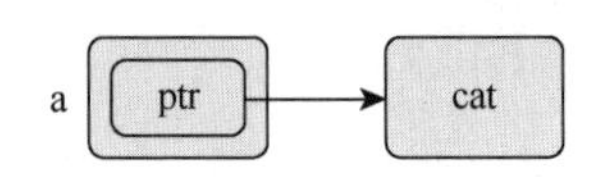

图 3.2　指针指向图

此时初始化 b 对象：

```
std::auto_ptr<Animal> b(a);
```

查阅 auto_ptr 源码底层的实现是将 a 拥有 cat 的所有权转移给 b，如图 3.3 所示。

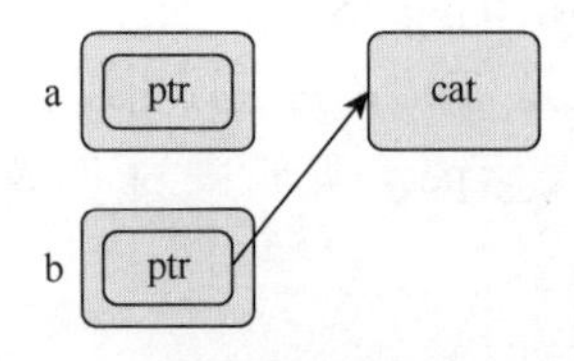

图 3.3　a 对象所拥有的资源转移图

上述转移是非常危险的，语法上看起来像是从 a 复制到了 b，但是实际上是一个 move 动作，如果未来仍旧在原先对象上调用成员函数将会造成未定义行为。该复制操作伪代码可以参考：

```
auto_ptr(auto_ptr& src){
  ptr_=source.ptr_;
  src.ptr_=0;
}
```

因此，不要使用类似下面的操作：

```
std::auto_ptr<Animal> a(new Cat);
std::auto_ptr<Animal> b(a);
a->Print();//未定义行为
```

如果改为临时变量进行move，那便是安全的，所以一般可以用在工厂函数上，例如：

```
std::auto_ptr<Animal>MakeCat(){return std::auto_ptr<Animal>(new Cat);};

//调用
std::auto_ptr<Animal> c(MakeCat());
MakeCat()->Print();
```

采用MakeCat()方式是安全的，但是采用a方式调用却出现未定义行为，将上述两种方式抽象如下：

```
std::auto_ptr<Animal> var(expression);
expression->Print();
```

可以看到不同点在于表达式，根据3.5.1节与3.5.5节，表达式有左、右值的区分，而a是一个右值，MakeCat()是一个左值，移动左值（像a）是危险的，因为随后调用成员函数都需要通过左值a调用，会引发未定义行为。而对于MakeCat()是安全的，因为MakeCat()在使用之后，便不可以再次使用，下次得到的是一个完全不同的临时对象。

现在根据前面的例子，了解到左值移动是危险的，而右值移动是安全的。C++如果支持将左值参数与右值参数分开，那么可以禁用左值移动或者显式地调用左值引用，便能保证该类操作是安全的。

C++11使用右值引用解决了这个问题，因此在类中支持移动构造（move constructor）及移动赋值（move assignment）成员函数。

1）移动构造

移动构造是将资源的所有权从源对象转移到当前对象。例如，基于C++11之后出现的unique_ptr解决auto_ptr复制构造过程中出现的危险行为，移动构造的伪代码如下：

```
auto_ptr(auto_ptr&& src){
```

```
  ptr_=source.ptr_;
  src.ptr_=nullptr_;
}
```

该操作同 auto_ptr 的构造函数，区别在于它仅能应用在右值上。

```
std::unique_ptr<Animal> MakeCat(){return std::unique_ptr
<Animal>(new Cat);};
//调用
std::unique_ptr<Animal> a(new Cat);
std::unique_ptr<Animal> b(a);              //error
std::unique_ptr<Animal> c(MakeCat());      //ok
```

b(a)这一行操作编译器将会报错，因为 a 是一个左值，在 unique_ptr 中禁止了复制构造，同时提供了移动构造，参数&&只能绑定右值，因此 b(a)报错，传递右值的 c(MakeCat())是正确的。

2）移动赋值

移动赋值是释放旧的资源，并从源对象中获取新的资源。

unique_ptr 移动赋值类似于下面的操作：

```
unique_ptr& operator=(unique_ptr&& src){
  if(this !=&src){
    delete ptr_;//释放旧资源
    ptr_=src.ptr_;//获取新资源
    src.ptr_=nullptr;
  }
  return *this;
}
```

熟悉 copy-swap 惯用法的将会写出下面的代码：

```
unique_ptr& operator=(unique_ptr src){
  std::swap(ptr_,src.ptr_);
  return *this;
}
```

编译器会依据参数是左值还是右值，在复制构造与移动构造之间进行选择。

前面提到从左值移动是危险的，如果换成移动语义将会报错，那如果确实想要从左值进行转移呢？

为此，C++11 在头文件<utility>中提供了 std::move 函数，该函数能够将一个左值转换为一个右值，注意它本身不移动任何东西，仅允许移动。上述代码可以变为

```
std::unique_ptr<Animal> a(new Cat);
std::unique_ptr<Animal> b(a);                //error
std::unique_ptr<Animal> c(std::move(a))      //ok
```

这样操作是可行的，因为显式的 std::move(a)能够提醒我们在初始化 C 后，不再关心 a。

std::move 的具体实现仍旧依赖于 static_cast 与 std::remove_reference<_Tp>，具体如下：

```
template<typename _Tp>
constexpr typename std::remove_reference<_Tp>::type&& move
(_Tp&& __t)noexcept {
  return static_cast<typename std::remove_reference<_Tp>::
type&&>(__t);
}
```

看完 3.5.5 节的 std::forward，理解这里就比较容易，_Tp 可能是_Tp&&或者_Tp&，所以 std::move 可以接受左值与右值，返回值处使用实际返回一个右值引用。

3.6 智能指针那些事

智能指针是一个看起来像指针但却很智能的对象，提供了自动的内存管理，在不使用智能指针之后，内存将会被释放，同时具有指针解引用*、指针操作符->等。在 3.5.6 节中引入过 autoptr、uniqueptr，除了这两个智能指针，当然还有其他的，如 shareptr、weakptr，那在 C++11 中涉及哪几个智能指针，每种智能指针的设计上有什么不同，本节将会带领大家一起探索智能指针管理内存的世界。

3.6.1 揭开神秘的面纱

面试考点

- 智能指针实现细节有哪些？
- 智能指针与普裸指针有何区别？
- 智能指针有什么作用？

智能指针是一个对象，该对象像指针且很智能。像指针体现在一个对象具有*、->操作，对应代码里面是重载对应的操作符，智能则是与内存管理相关，当智能指针超出范围时，其析构函数将被触发并执行内存清除，这种技术称为资源获取初始化（resource acquisition is initialization）。智能指针可以看作垃圾回收机制的一种基本形式。在C++或C中经常遇到指针与内存管理相关的问题，如悬空指针、内存泄露等问题。

下面以auto_ptr为例，阐述像指针与很智能两个特点。

1. 像指针

我们需要重载对应的操作符，内部实现如下：

```
template <class T>
class auto_ptr {
  T* ptr_;
 public:
  T& operator*(){return *ptr_;}
  T* operator->(){return ptr_;}
//TODO
};
```

为了比较方便地理解这些智能指针，在本例及后面例子代码中将会与STL的原始代码有一些不同，但是实现的角度及核心点不变，在STL中有较多的typedef及函数封装等操作，在撰写实例的时候将其去掉，变成比较理解的例子。

在本例中，像指针操作的两个操作符重载被提供，这便是每个智能指针必须拥有的操作。

2. 很智能

1）自动清理

自动清理则体现在析构上，在智能指针不再被使用后，自动析构，不需要用户手动地释放内存，实例如下：

```
template <class T>
class auto_ptr {
  T* ptr_;
 public:
  ~auto_ptr(){delete ptr_;}
//TODO
};
```

在本例中为上述auto_ptr添加了一个析构函数，在其最终不再使用时，回收内存。

在智能指针之前的写法或许会是这样：

```
void Test(){
  Foo* f(new Foo);
```

```
  f->doSomething();
  delete f;
}
```

如果我们忘记对它进行释放内存（丢失 delete）操作，那将有可能引发内存泄露问题。

拥有了智能指针之后，便可以这样写：

```
void SmartTest(){
  std::auto_ptr<Foo> f(new Foo);
  f->doSomething();
}
```

可以不用去手动地释放内存，在该函数结束之后，智能指针作用域超出范围，便会自动调用析构，释放内存。

2）自动初始化

另一个好处是，不需要将智能指针初始化为 NULL，因为构造函数会帮你完成这项工作。

```
template <class T>
class auto_ptr {
  T* ptr_;
 public:
  explicit auto_ptr(T* p=0):ptr_(p){}
//TODO
};
```

在实现中可以看到，有了默认值的构造函数，如果用户忘记初始化指针，将会出现野指针问题。

3）规避悬空指针

在之前编写代码的过程中，我们可能写出如下代码：

```
void Test(){
  Foo* f(new Foo);
  f->doSomething();
//TODO 做了一些事
  delete f;              //某处释放内存
//TODO 又做了一些事
  f->doSomething();      //忘记释放内存了,再次调用
}
```

在本例中，我们可以看到很明显的错误在于 f 的内存已经被释放了，可是

后面却在调用，此时的 f 是悬空的，指向的空间不确定，容易导致错误或程序崩溃。

有了智能指针之后，我们可以在赋值的时候规避悬空指针问题：

```
auto_ptr& operator=(auto_ptr& src){
  if(this !=&src){
    delete ptr_;
    ptr_=src.ptr_;
    src.ptr_=NULL;
  }
  return *this;
}
```

src.ptr_=NULL；规避 src 的指针悬空。

4）异常安全

仍旧以上述为例，当 doSomething 函数发生异常的时候会出现什么问题呢？

如果是未使用智能指针的 Test 函数例子，将会引发 p 永远不会被 delete 的问题，有可能引发内存泄露。当然也可以做异常处理，例如：

```
void TestEcp(){
  Foo* f;
  try {
    f=new Foo;
    f->doSomething();
    delete f;
  } catch(...){
    delete f;
    throw;
  }
}
```

这样的代码看上去特别烦琐，特别是当 try 中拥有不同的成员函数调用时，那将会更加烦琐，而智能指针则会使上述调用简单，仍旧是上述 SmartTest 函数调用例子，因为无论有没有异常，f 超出作用域之后，将会调用析构。

3.6.2　妙用 override 与 final

☒ 面试考点

❓ override 与 final 的作用是什么？

1. override

C++11 引入了特殊标识符 override，允许编译器知道这是一个虚函数重写，一旦重写失败，编译器能够报错。

例如，下面定义了基类与派生类，并展示了 override 的用法。

```
class Base {
 public:
  Base(){}
  virtual void func(){}
};
class Derivered: public Base {
  virtual void func(int)override {
  }
};
```

该例子在编译时，因为在虚函数声明时使用了 override 标识符，通知编译器程序要重写该虚函数，可是在基类中却没找到同名函数，导致无法通过编译，这样能够让我们对虚函数做检查，方便编译器调试。

2. final

C++11 除了引入 override，还引入了 final 标识符，主要应用在两处。

第一处：类声明，指定某个类不能被子类继承。

例如，下面在基类 Base 后面添加 final，后面派生类继承基类 Base 后，编译报错。

```
class Base final {
 public:
  Base(){}
  virtual void func(){}
};
class Derivered: public Base {
};
```

第二处：函数声明，指定某个虚函数不能被子类重写。

例如，下面在基类虚函数后添加 final，基类重写此虚函数，将编译报错。

```
class Base1 {
 public:
  Base1(){}
```

```
    virtual void func()final {}
};

class Derivered1:public Base1 {
 public:
  virtual void func(){
  }
};
```

3.6.3 独占型智能指针

☑ 面试考点

❓ autoptr、scopeptr 及 unique_ptr 实现细节上有何不同？

❓ unique 自定义删除器有哪些方式？

❓ 为何采用 make_unique 及其实现原理？

C++98 采用所有权模式，如前面 3.5.6 节提到的 std::auto_ptr，C++11 引入了三种类型的智能指针，被定义在<memory>头文件中，分别是 std::unique_ptr、std::shared_ptr、std::weak_ptr。

1. autoptr、scopeptr 及 unique_ptr

std::uniqueptr 是一个拥有独占分配资源的智能指针。在 3.5.6 节移动语义中阐述了 autoptr 所遇到的问题，同时移动语义的引入解决了 autoptr 的问题，在 uniqueptr 中禁用了复制构造及赋值，提供了移动构造与赋值，假设现在有如下代码调用：

```
std::unique_ptr<std::string> p1(new std::string("hello"));
std::unique_ptr<std::string> p2;
p2=p1;                  //报错
p2=std::move(p1);       //成功
```

报错这一行便是调用了复制赋值，而复制赋值是被禁用的，只能采用移动赋值。资源也是独占式的，同一时刻只能有一个对象拥有资源。

值得一提的是，在 boost 库中，有 scoped_ptr 智能指针，该指针与 auto_ptr 类似，区别在于它不能转让管理权。换言之，禁止了用户对其复制与赋值，伪代码示例如下：

```
template <typename T>
class scoped_ptr {
```

```
 private:
  T *ptr_;
  scoped_ptr(const scoped_ptr &);
  scoped_ptr &operator=(scoped_ptr const &);
//TODO
};
```

可以看到核心实现在于复制构造与复制赋值被声明为 private，为什么要声明为 private，如果不使用可以不定义吗？

这样是不可以的，因为在 C++中，如果不定义复制构造或复制赋值，在调用时，系统会自动默认生成相应的函数，这些函数仅仅是值的复制（浅复制），因此需要禁止，这里 private 是一种方式。在 C++11 之后，可以采用=delete 进制编译器行为。上述可转换成下面的代码：

```
template <typename T>
class scoped_ptr {
 private:
  T *ptr_;

 public:
  scoped_ptr(const scoped_ptr &)=delete;
  scoped_ptr &operator=(scoped_ptr const &)=delete;
//TODO
};
```

在这里实现需要注意，将复制构造及复制赋值从 private 变为 public，随后在后面加上=delete。

2. unique_ptr 的自定义删除器

unique_ptr 类模板参数有两个：第一个是类型，第二个是自定义删除器（custom deleter）。

```
//管理单个对象
template <typename _Tp,typename _Dp=default_delete<_Tp> >
class unique_ptr;
//管理动态分配的对象数组
template<typename _Tp,typename _Dp>
class unique_ptr<_Tp[],_Dp>
```

第二个参数_Dp 在管理单个对象上的默认值是 default_delete，这是一个仿函数或者说函数对象，具体实现伪代码如下：

```
//单个对象对应的 deleter
template <typename_Tp>
struct default_delete {
  void operator()(_Tp *__ptr)const {
       //TODO static_assert
    delete__ptr;
  }
};

//数组对应的 deleter
template <typename_Tp>
struct default_delete<_Tp[]> {
  void operator()(_Tp *__ptr)const {
       //TODO static_assert
    delete[]__ptr;
  }
};
```

这段伪代码非常好理解，就是在内存需要释放的时候调用 delete，在 uniqueptr 里面是通过 custom deleter 来管理，这里默认的单个对象的 deleter 就是常用的 delete__ptr，数组对应的 deleter 是 delete[]__ptr，只是在 uniqueptr 数组类模板时没有设定默认的 deleter。

假设现在需要读取文件，在每次读取文件结束后都需要进行 fclose 操作，能否采用 custom deleter 来进行管理呢？

首先将读取文件指针包裹成 unique_ptr，如下：

```
FILE *fp=fopen("ptr.cpp","r");
std::unique_ptr<FILE> ufp(fp)
```

在这种情况下，实际是默认的 deleter，在这种场景下，并没有释放文件句柄。我们可以自定义 deleter，主要有以下几种方法。

1）仿函数

编写一个仿函数，并在后面进行调用。

```
struct FileCloser {
  void operator()(FILE *fp)const {
    assert(fp !=nullptr);
    fclose(fp);
```

```
  }
};

//调用
std::unique_ptr<FILE, FileCloser> ufp1(fp);
```

定义一个 FileCloser 仿函数，传递给 unique_ptr 的第二个参数。

2）lambda

定义一个 lambda 表达式，并用 decltype（f）推断出 f 的类型，传递给 unique_ptr 的第二个参数。

```
auto f=[](FILE *p){
  assert(p !=nullptr);
  fclose(p);
};
std::unique_ptr<FILE,decltype(f)> ufp2(fp,f);
```

在 unique_ptr 中支持传入左值与右值的 deleter。

3）函数指针

定义一个函数 FClose，同时将函数指针类型传递给 unique_ptr。

```
void FClose(FILE *fp){
  assert(fp !=nullptr);
  fclose(fp);
}
std::unique_ptr<FILE,void(*)(FILE *)> ufp3(fp,FClose)
```

值得注意的是，deleter 是 unique_ptr 的成员，见下面的伪代码：

```
typedef std::tuple<typename _Pointer::type,_Dp> __tuple_type;
__tuple_type _M_t;
```

由于仿函数与 lambda 是无状态的，而没有涉及任何大小，使用函数指针占用一个指针大小。

3. 使用 make_unique

最后，在 C++14 中引入了 make_unique，一般情况下建议使用 make_unique，但是当用户自定义 custom deleter 时，只能使用 unique_ptr 的构造。make_unique 在内部实现是 3.5.5 节的完美转发，以单个对象的 unique_ptr 为例：

```
template <typename _Tp,typename... _Args>
inline typename _MakeUniq<_Tp>::__single_object
```

```
make_unique(_Args &&... __args){
  return unique_ptr<_Tp>(new _Tp(std::forward<_Args>(__args)...));
}
```

可以看到，make_unique 完美转发参数给 unique_ptr 的构造函数，从原始指针构造出一个 std::unique_ptr，并返回创建的 std::unique_ptr，可以看到是不支持 custom deleter 的。

make_unique 在实际场景中用处非常大，特别是它能够避免内存泄露。

假设有 void fun(std::unique_ptr(new Foo)，doSomething())函数，编译器执行顺序不一定，可能会产生：先执行 new Foo，其次执行 std::unique_ptr 构造函数，最后运行 doSomething()，但是第二步与最后一步顺序并不能保证，若 doSomething 函数抛出异常，那生成的对象将会泄露掉，因为对象并没有保存到 std::unique_ptr 中。

3.6.4　共享型智能指针

⍰ 面试考点

? shared_ptr 与 unique_ptr 有何区别？
? shared_ptr 与 weak_ptr 有什么关系？
? shared_ptr 内部的具体细节是什么？
? shared_ptr 自定义删除器是什么？
? 什么是 shared_ptr 数组管理？
? 智能指针三大 make 函数及其优势是什么？
? 什么是 shared_ptr 多线程安全？
? 如何解决 shared_ptr 循环引用？

1. shared_ptr 引入

std::shared_ptr 是一个拥有共享分配资源的智能指针。多个 std::shared_ptr 可以共享相同的资源，内部拥有引用计数。与 std::unique_ptr 不同，std::shared_ptr 允许多个引用。引用计数的变化具体如下。

（1）当指向同一资源的 std::shared_ptr 超出范围时，引用计数（reference counting）就会减一。

（2）当 std::shared_ptr 被赋值或复制给其他 shared_ptr 时，这个共享的引用计数器就加一。

（3）当最后一个 shared_ptr 销毁时，计数器将变为零，并且数据将被释放。

2. shared_ptr 源码分析

我们针对 gcc-5.5.0 的源码进行了分析，得到 shared_ptr 类图如图 3.4 所示。

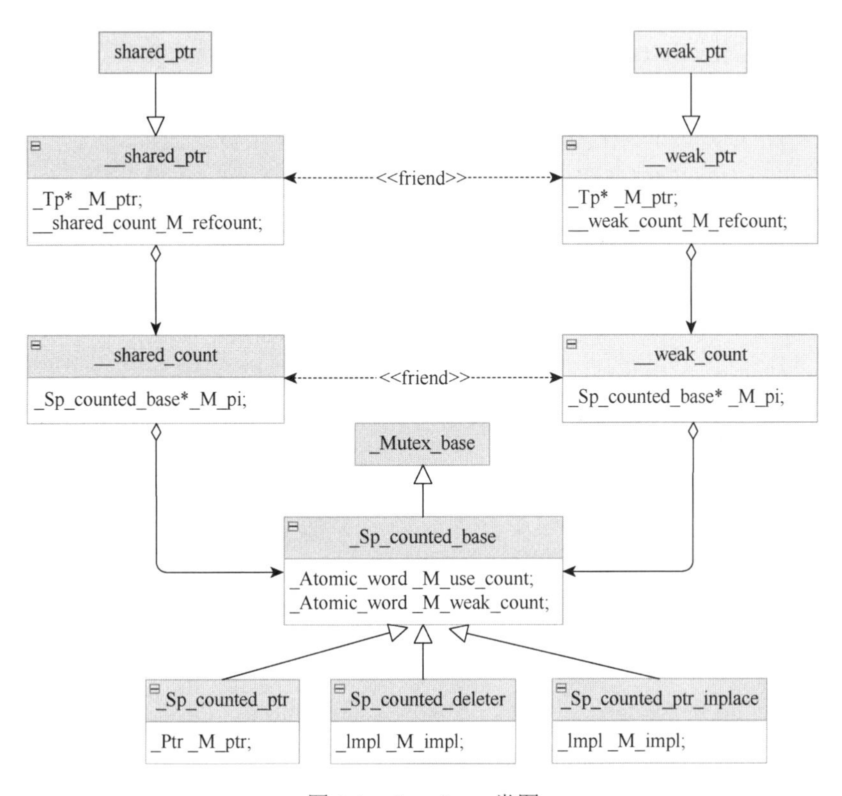

图 3.4　shared_ptr 类图

shared_ptr 与 weak_ptr 互为友元，shared_ptr 继承了__shared_ptr，weak_ptr 继承了__weak_ptr，在各自父类中都拥有两个成员，分别管理对象的指针及引用计数，shared_ptr 对应的引用计数类是__shared_count，weak_ptr 对应的引用技术类是 weak_count，__shared_ptr 与__weak_ptr 也互为友元，两者内部都只有一个成员，由于引用技术可以被多个 shared_ptr 所使用，因此__shared_ptr 与__shared_count、shared_count 与_Sp_counted_base 都是 n 对 1 关系，__weak_ptr 同理。

从_Sp_counted_base 类中可以看到底层的引用技术是原子操作，在多线程环境下是安全的，该类派生出_Sp_counted_ptr、_Sp_counted_deleter、_Sp_counted_ptr_inplace。

其中，_Sp_counted_ptr 是不支持 deleter 或 allocator，_Sp_counted_deleter 支

持 deleter 与 allocator，_Sp_counted_ptr_inplace 是 make_shared 或 allocate_shared 的帮助类。

上述问题可以简化如图 3.5 所示：一个 shared_ptr 内部含有指向 T 对象的指针及指向控制块的指针，在控制块内部则包含引用计数、弱引用计数、指向 T 对象的指针及自定义 deleter 与 allocator（这两个有可能没有）。具有指向 T 对象的指针目的是，当用户传递进来一个 deleter 时，能够调用对应的 operator()释放内存，用户自定义的 custom deleter 并不会影响 sizeof(ptr)。

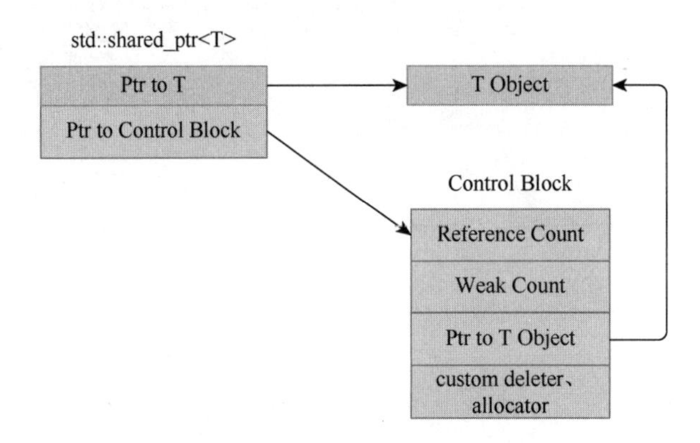

图 3.5　shared_ptr 内部指针指向图

3. shared_ptr 的自定义删除器

不同于 unique_ptr，shared_ptr 中的自定义删除器是通过构造函数传递进去的，具体传入形式也是上述三种，这里举例如下：

```
FILE *fp=fopen("shared_ptr.cpp","r");
//method 1
std::shared_ptr<FILE> spt(fp,FileCloser());
//method 2
auto f=[](FILE *p){
  assert(p !=nullptr);
  fclose(p);
};
std::shared_ptr<FILE> spt2(fp,f);
//method 3
std::shared_ptr<FILE> spt3(fp,FClose);
```

本例分别采用仿函数、lambda、函数指针方式，调用的是 shared_ptr 构造函数。

4. shared_ptr 的数组管理

此外，unique_ptr 中支持如下调用，因为 unique_ptr 支持管理动态分配的对象数组。

```
std::unique_ptr<std::string[]> pp(new std::string[10]);
```

在 C++11 及 C++14 中可以采用从 unique_ptr 创建管理动态分配的对象数组，例如：

```
//std::shared_ptr<Foo> ptr(new Foo[10]);    //错误
std::unique_ptr<Foo[]> arr(new Foo[10]);
std::shared_ptr<Foo> ptr(std::move(arr));  //正确
std::shared_ptr<Foo> ptr1(new Foo[10],std::default_delete
<Foo[]>());                                //正确
```

如果采用第一行中的方式创建，那么会出现 delete 异常问题，而后面的方式正确是因为 shared_ptr 从 unique_ptr 获得了其删除器（一个 std::default_delete ＜T []＞对象），因此将正确释放该数组，可以从 unique_ptr 获取删除器，或者显式地指定自定义删除行为。实际上，在底层实现上 STL 并没有提供[]，因此我们使用 shared_ptr<T[]>方式是没有意义的，如果要想数组在多个 shared_ptr 之间共享，可以采用 shared_ptr＜vector＞或者 shared_ptr＜array＞。

5. make 函数

C++11 也为 shared_ptr 提供了 make_shared 与 allocate_shared，内部实现同 make_unique 无太大差别。make_shared 会转发参数给 allocate_shared，allocate_shared 会转发参数给 shared_ptr 构造函数，并返回创建的 shared_ptr。

make 函数除了在 make_unique 中提到的可以避免内存泄露之外，还可以提高代码清晰度和执行速度。

代码清晰度可表现在如下代码：

```
auto sp1(std::make_shared<Foo>());  //使用 make_shared
std::shared_ptr<Foo> sp2(new Foo);  //不使用 make_shared
```

从代码层面看更加精简，避免了代码重复。

提升效率体现在 make_shared 允许编译器生成更小、更快的代码，例如：

```
std::shared_ptr<Foo> sp2(new Foo); //不使用 make_shared
```

在图 3.5 中，我们知道需要为对象及控制块分配内存，需要分配两次，而采用 make_shared 形式：

```
auto sp1(std::make_shared<Foo>()); //使用 make_shared
```

只用分配一次内存，提高了代码执行速度。

前面在 make_unique 提到的 custom deleter 存在情况下，不能使用 make_unique，make_shared 及 allocate_shared 同 make_unique 一致。除此之外，在大括号初始化情况下，make 函数也不建议使用。

日常使用时，由于 unique_ptr 及 shared_ptr 的构造都是 explicit，因此不能进行隐式转换，像下面这两种都是错误的：

```
shared_ptr<int> p1=new int(100);  //error
unique_ptr<int> p2=new int(100);  //error
```

可以采用 make 或者直接初始化方式：

```
shared_ptr<int> p1(new int(100));
shared_ptr<int> p2(make_shared<int>(100));
```

unique_ptr 使用方式同上。

6. 一些陷阱

1）混用裸指针

在使用的时候，有可能会遇到如下裸指针与共享指针混用的情况。

```
Foo *x(new Foo());
shared_ptr<Foo> pt1(x);
shared_ptr<Foo> pt2(x);
```

在实例代码中，pt1 与 pt2 互相独立，丢失了共享指针的意义，而 x 在后面访问会很危险，有可能随时为悬空引用。

2）规避 get 函数

shared_ptr 的 get 函数定义如下：

```
_Tp* get()const noexcept { return _M_ptr;}
```

可以了解到返回的是一个裸指针，如果将此 get 返回值传入一个新的 shared_ptr，那么将与之前的 shared_ptr 是独立的，例如：

```
shared_ptr<Foo> st1(new Foo());
shared_ptr<Foo> st2(st1.get());
std::cout << "st1:" << st1.use_count()<< ",st2:" << st2.use_count()<< std::endl;
```

此输出结果都是 1，可以发现是相互独立的，在使用时请规避此操作。

▯ tips：勿保存 get 返回值给 shared_ptr，勿删除 get 返回值。

7. 线程安全

根据图 3.4 与图 3.5 可以知道，有一个 shared_ptr 的引用计数，也有一个 weak_ptr 的引用计数，这两个计数都是无锁原子的，原子操作是线程安全的，可以保证

shared_ptr 在多线程环境下引用计数是安全的，但是并不能保证 shared_ptr 指针的线程安全。依据图 3.5，shared_ptr 内部有两个指针变量，一个指向对象的指针，另一个指向控制块的指针，当 shared_ptr 进行复制时，STL 实现是先复制指向对象的指针，再复制指向控制块的指针，这两个操作并不是原子操作，那么就不能保证 shared_ptr 指针的线程安全。

下面以这个代码示例为例：

```
shared_ptr<Foo> global(new Foo);   //全局共享的 shared_ptr
shared_ptr<Foo> local1;            //线程 1 的局部变量
shared_ptr<Foo> local2(new Foo);   //线程 2 的局部变量
```

在 main 线程中创建了全局共享的 shared_ptr，开启了两个线程，线程 1 创建了 local1 局部变量，线程 2 创建了 local2 局部变量。简单起见，控制块直接使用引用计数代替，只显示引用计数。上述初始状态如图 3.6 所示。

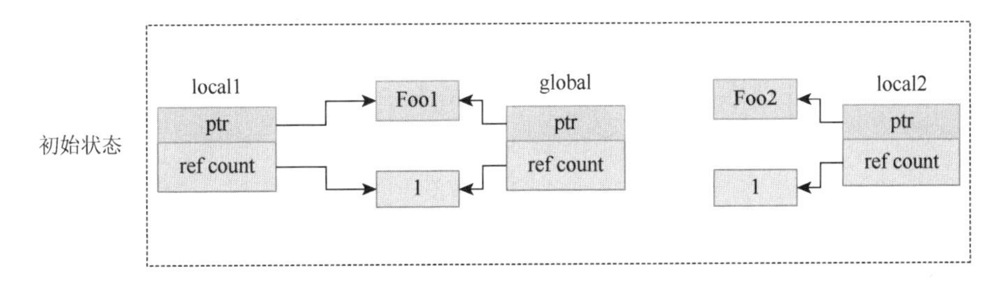

图 3.6　初始状态图

shared_ptr 复制操作分为两步：ptr 指向（步骤 1）与修改引用计数（步骤 2）。

现在线程 1 进行了读操作，执行 local1=global，且只完成了 ptr 的指向（步骤 1），如图 3.7 所示。

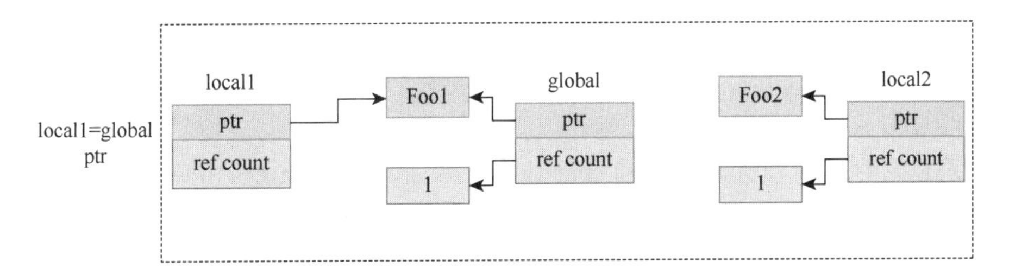

图 3.7　线程 1 步骤 1 图

此时还没来得及执行步骤 2，这时切换到了线程 2，且依次执行了步骤 1 与步骤 2，步骤 1 如图 3.8 所示。

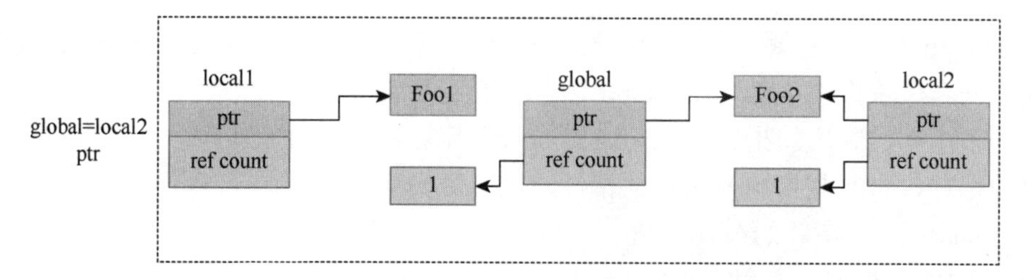

图 3.8　线程 2 步骤 1 图

步骤 2 如图 3.9 所示。

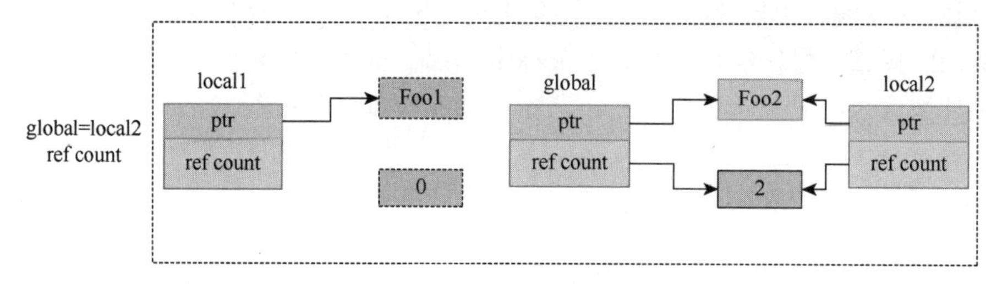

图 3.9　线程 2 步骤 2 图

这时 Foo1 对象已经被销毁，local1.ptr 为悬空指针。

最后切换回线程 1，继续执行步骤 2，如图 3.10 所示。

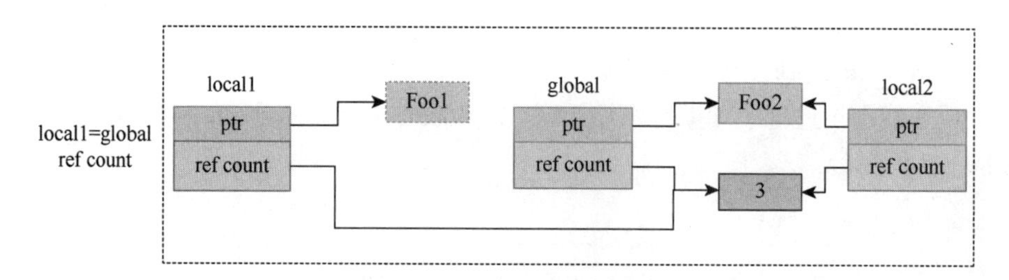

图 3.10　线程 1 步骤 2 图

可以看到多线程读写全局的 shared_ptr，不加锁会引发悬空指针问题，因此在多线程读写同一个 shared_ptr 必须加锁。

8. 循环引用

使用 shared_ptr 会遇到循环引用（cyclic references）问题，循环引用指的是一系列引用，其中每个对象引用下一个对象，最后一个对象引用回到第一个对象，从而导致引用循环。引用不必是实际的 C++引用，它们可以是指针，唯一 ID 或标识特定对象的任何其他方式。例如，父亲有孩子，孩子有父亲，代码如下：

```
struct Parent;
struct Child {
  std::shared_ptr<Parent> parent_;
  ~Child(){ std::cout << "~Child()" << std::endl;}
};

struct Parent {
  std::shared_ptr<Child> child_;
  ~Parent(){ std::cout << "~Parent()" << std::endl;}
};

void Test(){
  auto c=std::make_shared<Child>();
  auto p=std::make_shared<Parent>();
  c->parent_=p;
  p->child_=c;
}
```

本例中创建了两个 shared_ptr 对象，Child 拥有 Parent 所有权，而 Parent 拥有 Child 所有权，Child 与 Parent 互相维持生命，当 Test 函数结束时，并不会像我们想象的那样去调用析构函数。Child 若要析构需要调用 Parent 析构，Parent 析构需要调用 Child 析构，引发循环引用问题，要想解决这种问题可以采用 weak_ptr。

```
struct Parent {
  std::weak_ptr<Child> child_;
  ~Parent(){ std::cout << "~Parent()" << std::endl;}
};
```

只需要修改 Parent 中的 shared_ptr 为弱引用即可。

3.6.5　弱引用型智能指针

面试考点

- weak_ptr 主要解决什么问题？
- weak_ptr 的 lock 函数如何实现？
- enable_shared_from_this 解决什么问题？实现原理是什么？

1. weak_ptr 引入

在 3.6.4 节为了解决循环引用问题，我们使用了 weak_ptr，这便是本节要探讨的弱引用型智能指针。

shared_ptr 在使用时会引发循环引用问题，从而有可能引发内存泄露问题，而 weak_ptr 是一种配合 shared_ptr 而引入的智能指针，它只能从一个 shared_ptr 或另一个 weak_ptr 构造，构造与析构并不会引起引用技术的增加或减少。例如，从一个 shared_ptr 构造出一个 weak_ptr。

```
auto sh=std::make_shared<int>();
std::weak_ptr<int> wp(sh);
```

以 3.6.4 节最后一点的例子继续探讨，如果 p 对象想要访问 Child 中的方法 doSomething()，伪代码如下：

```
struct Child {
  void doSomething(){}
  //TODO
};
struct Parent {
  std::weak_ptr<Child> child_;
  //TODO
};
```

我们不能直接访问，像 p->child_->doSomething()是不正确的。因为 child_是一个弱引用，需要转化为 shared_ptr，例如：

```
auto pc=p->child_.lock();
pc->doSomething();
```

还可以使用 expired 函数检测所管理对象是否释放，如果已经释放返回 true，否则返回 false。

2. enable_shared_from_this

在 3.6.4 节“一些陷阱”的介绍中提到过混用裸指针会引发相关问题，例子如下：

```
Foo *x(new Foo());
shared_ptr<Foo> pt1(x);
shared_ptr<Foo> pt2(x);
```

pt1 与 pt2 将会是独立的两个对象，丢失了共享语义，当它们被摧毁时，都会释放资源，通常会引发问题。

类似地，如果成员函数需要一个 shared_ptr 对象，该对象持有相关资源，那么不能动态地创建对象。

```
struct Sp {
  std::shared_ptr<Sp> doSomething(){
    return std::shared_ptr<Sp>(this);//危险
  }
};

int main(){
  std::shared_ptr<Sp> sp1(new Sp);
  std::shared_ptr<Sp> sp2=sp1->doSomething();
  return 0;
}
```

这段代码与前面的示例有相同的问题，在构造时，sp 持有资源，成员函数 doSomething 中的代码不知道该 shared_ptr 对象，在 sp2 超出作用域后，将会释放资源，而 sp1 随后也会再次释放资源，这将引发资源释放两次危险。

避免这类问题的方法是使用 enable_shared_from_this，只需要让对应的类继承该类，随后调用 shared_from_this 函数即可，例如：

```
struct Sp: std::enable_shared_from_this<Sp> {
  std::shared_ptr<Sp> doSomething(){ return shared_from_
this();}
};
```

这样便是安全的写法，它背后的实现便是 weak_ptr 的 lock 函数原理。

enable_shared_from_this＜T＞内部有一个私有的 weak_ptr＜T＞成员，而 shared_from_this 便是返回一个初始化的 shared_ptr 对象，本质上是一个 weak_ptr 的 lock 函数操作。

3.7　Lambda 那些事

3.7.1　Lambda 表达式构成

面试考点

lambda 由什么构成？mutable 有什么作用？

值捕获与引用捕获有什么区别？

在 C++11 中，引入了 lambda 表达式，该表达式包含捕获列表、参数列表、mutable 指示符、异常列表、返回类型和函数体，语法为

```
[capture list](params list)mutable exception-> return type
{ function body }
```

以上 mutable exception 及 return type 都可以省略，变为如下形式：

```
[capture list](params list){ function body }
```

表达式构造内容详细解释如下：

（1）捕获列表部分可以支持传入不同的形式，具体如表 3.1 所示。

（2）参数列表跟普通函数形参一样。

（3）mutable 指示符（可缺省）主要是打破"值捕获不能修改变量"的限制，需要注意该修改只在 lambda 函数体内生效。

（4）异常列表（可缺省）表示该 lambda 表达式是否抛出异常，可以是 throw()，也可以是 noexcept。

（5）返回类型（可缺省）表示返回的类型。

（6）函数体表示具体实现逻辑。

表 3.1　捕获形式表

捕获形式	说明
[]	不捕获任何外部变量
[this]	捕获当前类的 this 指针
[=]	以值的形式捕获外部所有变量
[&]	以引用的形式捕获外部所有变量
[=，&x]	变量 x 以引用的形式捕获，其余变量以值的形式捕获
[&，x]	变量 x 以值的形式捕获，其余变量以引用的形式捕获

其中，需要注意对于[=]或[&]形式，lambda 表达式可以直接使用 this 指针，对于[]的形式，如果要使用 this 指针，需要显式传入[this]。

值捕获与引用捕获的区别在于：引用捕获可以对捕获变量进行修改，而值捕获则只能是只读的。另一个值得注意的问题是，我们需要明确该 lambda 表达式的类型，例如，auto 与 lambda 一起使用。

```
auto f=[=](int a,int b){ return a+b;}
```

这里完成了一个加法操作的 lambda 表达式，像 auto 推断的内容实际上是 std::function＜int(int, int)＞，这正是 auto 应用场景比较广泛的一点，针对比较复杂的 lambda 直接使用 auto 是不错的方式，但是我们需要在学习的时候明确该表达式类型。

3.7.2　lambda 与闭包

☑ 面试考点

❓ lambda 与闭包的区别是什么？

lambda 全称为 lambda 表达式，它只存在于程序源码中，在运行时是不存在的。lambda 表达式在运行时会生成一个对象，该对象便是闭包。

例如，加法操作。

```
auto f=[=](int a,int b){ return a+b;};
```

第一个等号右边的称为 lambda 表达式，在运行时会生成闭包，而左边的 f 并不是闭包，只是闭包的一个副本，实际上闭包对象是一个临时对象，通常在语句末尾并随之摧毁。上述的代码放在 cppinsights（https://cppinsights.io/）网站上运行查看，可以得到：

```
class __lambda_10_14 {
 public:
  inline/*constexpr */int operator((int a,int b)const
{ return a+b;}
};
__lambda_10_14 f=__lambda_10_14{};
```

可以看到 f 是一个闭包对象的副本，该闭包是一个临时对象__lambda_10_14{}。

lambda 与闭包可以类比为类与类实例之间的关系，一个类存在于源码中，它在运行时不存在，运行时存在的是类类型的对象。每个 lambda 都会在编译时生成一个唯一的类，并且会在运行时创建该类类型的对象（闭包）。

3.7.3　lambda 背后的原理

☑ 面试考点

❓ lambda 背后的实现原理是什么？

编译器实现 lambda 表达式会依次创建 lambda 类、创建 lambda 对象、通过对象调用 operator()。

在 3.7.2 节中讲到使用 cppinsights 网站可以看到编译器展开后的代码，为了能够看到 lambda 所有的构成转换，修改前面的例子为

```
auto f=[=,&x](int a,int b)mutable noexcept { return a+b;};
```

```
f(1,2);
```

此时在 cppinsights 上运行后可以生成：

```
class __lambda_10_14 {
 public:
  inline/*constexpr */int operator()(int a,int b)noexcept
{ return a+b;}

 private:
  int& x;

 public:
  __lambda_10_14(int& _x):x{_x} {}
};
__lambda_10_14 f=__lambda_10_14{x};
f.operator()(1,2);
```

编译器会将该例子进行转换，具体如下：

（1）创建 lambda 类。创建出__lambda_10_14 类，并具有 operator()函数。

（2）创建 lambda 对象。创建了临时对象__lambda_10_14{x}，并得到了复制后的对象 f。

（3）通过对象调用 operator()。通过对象 f 调用 operator 函数：f.operator(1, 2);。

根据当前例子，我们会得到与 lambda 表达式一致的类（或者说仿函数）__lambda_xx，该类中的具体成员及函数与 lambda 对应关系如表 3.2 所示。

表 3.2　lambda 表达式与编译器生成类对应表

lambda	_lambda_xx
捕获列表	private 成员，值捕获下 private 成员与捕获变量类型一致；引用捕获下 private 成员是捕获变量类型的引用
形参列表	operator()形参列表
mutable	去掉 operator()后的 const
返回类型	operator()返回类型
函数体	operator()函数体

lambda 表达式的每个构成与编译器生成的类对应关系在表 3.2 中非常清晰，实际上 lambda 背后就是常说的仿函数。

3.8　杂谈那些事

在 C++11 中，除了前面比较提到的，还包含 using、noexcept、override、final 等，本节将针对各个方面进行展开。

3.8.1　using 还是 typedef

▣ 面试考点

? using 相比于 typedef 的优势是什么？

? type alias 及 alias template 分别是什么？

? type alias 及 alias template 在 STL 中如何应用？

在 C++11 之前，我们定义类型别名（type alias），可以使用 typedef，例如：

```
typedef int MyInt;
```

C++11 之后，可以使用 using 关键字来定义别名声明（alias declaration），语法如下：

using [类型别名]=[原始类型];

还是以上述 int 别名为例，using 写法如下：

```
using MyInt=int;
```

从这个简单例子上并不能凸显出其优势，假设有一个函数指针需要一个别名，那么对比一下：

```
typedef int(*FuncPointer)(const std::string&);
using FuncPointer=int(*)(const std::string&);
```

从可读性上来说，using 比 typedef 更好，如果仅仅因这一点优势换作 using 未免稍微不足，随后 using 可以应用在模板别名（alias template）上，但是 typedef 却做不到，例如：

```
template <typename T>
using MyVector=std::vector<T,std::allocator<T>>;
MyVector<int> vec;
```

若是使用 typedef 需要包装一层，写成：

```
template <typename T>
struct MyVector {
  typedef std::vector<T,std::allocator<T>> type;
};
```

```
MyVector<int>::type vec;
```

这看起来简直太烦琐了，更不同的在于，如果想把这样的类型用在另一个类里面，那么必须要加 typename，像下面这样：

```
template <typename T>
struct Foo {
  typename MyVector<T>::type vec;
};
```

而如果是 using，则可以直接把 typename 一行写成：

```
MyVector<T> vec;
```

这里加 typename 的主要作用在于让编译器能够区分::type 到底代表类型还是静态成员。

刚才提到的typedef用法及using的模板别名用法在头文件<type_traits>中有许多应用，例如，一个 const T 去除 const 得到 T，T&&取出引用得到 T 等，在 C++11 中的写法是

```
std::remove_const<const int>::type a; //const int-> int
std::remove_reference<int&&>::type b; //int&&-> int
```

以 remove_const 为例，在底层的实现为

```
template <typename _Tp>
struct remove_const {
  typedef _Tp type;
};

template <typename _Tp>
struct remove_const<_Tp const> {
  typedef _Tp type;
};
```

可以看到这种写法跟前面 MyVector 类内部的 typedef 语法基本一致，最后在 C++14 之后的写法可以变为

```
std::remove_const_t<const int> a1; //const int-> int
std::remove_reference_t<int&&> b1; //int&&-> int
```

这里的实现便是采用了 using，以 std::remove_const_t 为例：

```
///Alias template for remove_const
template <typename _Tp>
using remove_const_t=typename remove_const<_Tp>::type;
```

3.8.2　异常处理 noexcept

▣ 面试考点

❓ noexcept 与 throw()有什么区别？

❓ noexcept 的使用场景有哪些？

1. noexcept 引入

自 C++11 起，noexcept 可以作为说明符（specifier）和操作符（operator），在运行时，如果 noexcept 函数抛出异常，那么程序将终止并调用 std::terminate()函数。

在之前的 C++版本中，针对函数的异常处理可以是 throw()，与 C++11 对比示例如下：

```
int add1(int a,int b)throw(){ return a+b;}
int add2(int a,int b)noexcept { return a+b;}
```

add1 是 C++11 之前的写法，现在可以使用 noexcept 代替它（如 add2）。

除了前面提到的说明符用法，比较常见的还有运算符用法，noexcept 操作符可以在编译时检查表达式是否抛出异常，例如：

```
std::cout << noexcept(add2)<< std::endl;
void foo()noexcept(noexcept(bar());
```

编译时检查 add2 是否抛异常，foo 与 bar 有同样的异常情况。

2. noexcept 使用场景

noexcept 在 STL 库中大量使用过，特别是构造、移动构造、移动赋值、析构，例如，在 std::vector 中，以上都有使用。像下面这几行全部摘自 g++5.5.0 版本的 vector 代码。

```
vector()noexcept(is_nothrow_default_constructible<_Alloc>
::value):_Base(){ }//构造
vector(vector&& __x)noexcept:_Base(std::move(__x)){ }
//移动复制
vector& operator=(vector&& __x)noexcept()_Alloc_traits::
_S_nothrow_move()){ }//移动赋值
~vector()_GLIBCXX_NOEXCEPT { }/*析构_GLIBCXX_NOEXCEPT 实
际就是 noexcept*/
```

因此，noexcept 使用场景建议如下：

（1）构造，不抛出异常情况下建议使用；
（2）移动构造或移动赋值，不抛出异常情况下使用；
（3）析构函数一定要使用。

3.8.3 容器那些事

▯ 面试考点
? std::array 与 C 数组如何区别？
? std::forward_list 如何设计？
? 无序容器有哪些？
? unorderedmap 与 unorderedmultimap 如何区别？
? unorderedmap 与 unorderedset 如何区别？

在 STL 中，容器可分为序列式容器、关联式容器与无序容器、元组容器，在 C++11 中引入了序列式容器 array 与 forwardlist，无序容器由原来的 hashxxx 变为 unordered_xxx，新增 tuple 容器，本节将详细阐述各个容器。

1. std::array

std::array 位于头文件<array>中，结合了 C 数组性能、C++容器的优点，支持传统的迭代器操作等，语义上等同于 C 风格数组，但不会自动退化为 T*。

array 在 STL 中的类如下：

```
template<typename _Tp,std::size_t _Nm>
struct array { };
```

array 有两个模板参数，一个是 array 元素类型，另一个是 array 元素数量，内部还有正向迭代器与反向迭代器，支持 array 的随机访问。

使用时如下：

```
std::array<int,3> arr1={1,2,3};
std::array<int,3> arr2{1,2,3};
```

在一些老版本编译时，arr2 需要在外层再加一个{}，在后面版本编译时则可以按照上面这种方式初始化。

std::array 内部实现比较简单，在 array 内部比较关键的代码如下：

```
typedef _GLIBCXX_STD_C::__array_traits<_Tp,_Nm> _AT_Type;
typename _AT_Type::_Type _M_elems;
```

这里是将__array_traits 结构体进行 typedef，再用_AT_Type 的 Type 去声明一个_M_elems，而__array_traits 结构体实际上是一个模板，允许 array 传入 size 为 0 的情况，具体实现如下：

```
template <typename _Tp,std::size_t _Nm>
struct __array_traits {
  typedef _Tp _Type[_Nm];
  static constexpr _Tp& _S_ref(const _Type& __t,std::size_
t __n)noexcept {
    return const_cast<_Tp&>(__t[__n]);
  }
  static constexpr _Tp* _S_ptr(const _Type& __t)noexcept {
    return const_cast<_Tp*>(__t);
  }
};

template <typename _Tp>
struct __array_traits<_Tp,0> {
  struct _Type {};
  static constexpr _Tp& _S_ref(const _Type&,std::size_t)
noexcept {
    return *static_cast<_Tp*>(nullptr);
  }
  static constexpr _Tp* _S_ptr(const _Type&)noexcept
{ return nullptr;}
};
```

可以看到__array_traits 内部有一个 typedef，实际上前面_M_elemes 等价于：

```
typedef _Tp _Type[_Nm];
_Type _M_elems;
```

前面 std::array＜int, 3＞可以转换为

```
typedef int _Type[3];
_Type _M_elems;
```

在 array 的源码中可以看到像[]与 at 取出元素的函数，这两个函数的区别在于 at 支持抛出异常，[]则不抛出异常，这两个函数都是去调用__array_traits 的_S_ref 函数，形式如下：

```
_AT_Type::_S_ref(_M_elems,__n);
```

而这个则跟以前数组访问无太大差别，内部实现是__t[__n]。另一个重点是_S_ptr 在哪里使用呢？

在 array 内部提供了 data 函数，该函数则是调用_S_ptr，得到迭代器类型，在

begin、end 等迭代器访问函数中调用的则是 data()函数，将其传递给对应的迭代器，完成迭代器操作。

2. std::forward_list

std::forward_list 位于头文件<forward_list>中，是新增的一种单链表容器。

1）单链表设计

平时设计单链表时，结构大概如下：

```
struct Node {
  int data;
  Node* next;
};
```

单链表节点是由数据与指向下一个节点的指针组成的，在 forward_list 中的设计是将数据和指向下一个节点的指针拆分开，通过继承关系而组成一个节点。

```
struct _Fwd_list_node_base {
  _Fwd_list_node_base* _M_next=nullptr;
};
template <typename _Tp>
struct _Fwd_list_node:public _Fwd_list_node_base {
  __gnu_cxx::__aligned_buffer<_Tp> _M_storage;
};
```

可以看到传统的 Node 实际上被拆分成继承关系在 STL 中使用，当然在单链表迭代器及单链表中节点也都是使用_Fwd_list_node，继承后将拥有与 Node 类似的作用。

在单链表设计时，经常需要一个头结点(第一个实际保存数据的前一个节点)，在 forward_list 实现中也正是这样实现的，在内部拥有如下头结点：

```
_Fwd_list_node_base _M_head;
```

而头结点是不含数据的，这个头结点正是_Fwd_list_node_base，在这个结构体中实际上只有 next，想必看到这里终于可以非常清晰地了解为何在 forward_list 中将节点的数据与指针分成继承关系了。

2）单向链表迭代器设计

forward_list 中另一个比较重点的是_Fwd_list_iterator（单向链表迭代器），因为在该类当中有下面的语句：

```
typedef std::forward_iterator_tag iterator_category;
```

迭代器类型是正向迭代器，是单向的，那么在设计时不需要重载--操作符，只需要重载*、->、前置++、后置++操作符即可。这些操作也非常便于理解，例如，前置++操作，便是移动指针，实现如下：

```
_Self& operator++()noexcept {
  _M_node=_M_node->_M_next;
  return *this;
}
```

可见指针向后遍历即可。

3）forward_list 重要函数

在 forward_list 中除了有 begin()与 end()，还提供了 beforebegin()操作，可以返回单链表头结点，而 begin 操作实际就是头结点的下一个节点。它也提供了 front 操作，可以快速拿到第一个实际节点。

在 forward_list 中，当往单链表插入与删除数据时，可分为以下两种。

（1）在第一个实际节点处（头结点之后）进行插入与删除。

插入：对外接口是 push_front 函数。

删除：对外接口是 pop_front 函数。

（2）在当前位置之后插入与删除。

插入：对外接口是 insert_after 函数。

删除：对外接口是 erase_after 函数。

除此之外，还有链表翻转、清除数据等接口。

3. unordered_xxx

hashxxx 在 C++11 后被替换为 unordered_xxx，其底层是由哈希表实现的，因此时间复杂度为 O(1)，并且是无序的。unordered_xxx 包含四组容器，如表 3.3 所示。

表 3.3　unordered_xxx 的容器

容器名	描述
unordered_map	不支持有重复键的无序 map
unordered_multimap	支持有重复键的无序 map
unordered_set	不支持有重复键的无序 set
unordered_multiset	支持有重复键的无序 set

简写术语：

（1）unordered_xxx 表示 unordered_xxx 与 unordered_multixxx 的简写。

（2）使用 unordered_xxx 表示 unordered_map 与 unordered_set。

（3）使用 unordered_multixxx 表示 unordered_multimap 与 unordered_multiset。

由于 unordered_set 对同 unordered_map 对实现类似，因此这里将对 unordered_map 对进行重点阐述。

在 gcc 代码中可以看到以上四者的实现。这里以图 3.11 阐述下面的代码，从而更加轻松地理解底层如何区分 unordered_map 对。

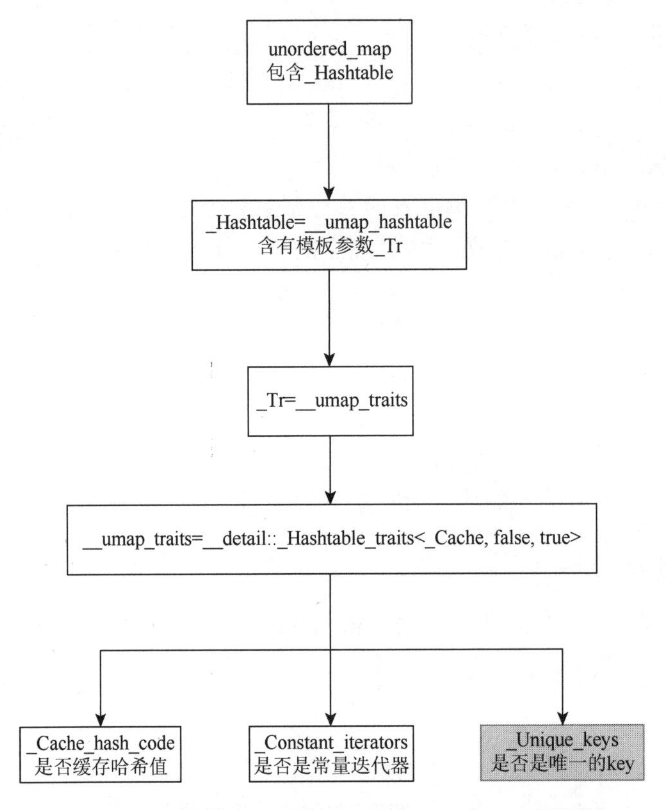

图 3.11　unordered_map 与 unordered_multimap 区别图

unordered_map 与 unordered_multimap 的区别在于 unordered_map 中存储不同的 key，而 unordered_multimap 支持存储相同的 key，这一点在底层的实现以下面 4 步进行阐述：

（1）unordered_map 代码段中可以得到内部包含_Hashtable。

（2）进一步来说，_Hashtable 实际等于__umap_hashtable，在 using 语句中包含若干个模板参数，其中有一个参数是_Tr，可以看到默认值设置为__umap_traits＜__cache_default＜_Key, _Hash＞::value＞。

（3）因此继续看__umap_traits，它又等价于__detail::_Hashtable_traits。

（4）在结构体（_Hashtable_traits）的模板参数中可以看到有三个参数，分别是：是否缓存哈希值，是否是常量迭代器，是否是唯一的 key。而区分 unordered_map 与 unordered_multimap 的关键在于这个参数是否为 true。

以上四步对应的详细代码可对应注释中的每个部分。

```
//步骤 1 unordered_map
template <class _Key,class _Tp,class _Hash=hash<_Key>,
          class _Pred=std::equal_to<_Key>,
          class _Alloc=std::allocator<std::pair<const _Key,
_Tp> > >
class unordered_map {
  typedef __umap_hashtable<_Key,_Tp,_Hash,_Pred,_Alloc>
_Hashtable;
  _Hashtable _M_h;
};

//步骤 2 __umap_hashtable、_Tr 与__cache_default
template <typename _Key,typename _Tp,typename _Hash=
hash<_Key>,
          typename _Pred=std::equal_to<_Key>,
          typename _Alloc=std::allocator<std::pair<const
_Key,_Tp>>,
          typename _Tr=__umap_traits<__cache_default<_Key,
_Hash>::value>>
using __umap_hashtable=
    _Hashtable<_Key,std::pair<const _Key,_Tp>,_Alloc,
__detail::_Select1st,
               _Pred,_Hash,__detail::_Mod_range_hashing,
               __detail::_Default_ranged_hash,__detail::
_Prime_rehash_policy,
               _Tr>;

typename _Tr=__umap_traits<__cache_default<_Key,_Hash>::
value>>;

template <typename _Tp,typename _Hash>
using __cache_default=__not_<
```

```
    __and_<__is_fast_hash<_Hash>,__detail::__is_noexcept_
hash<_Tp,_Hash>>>;
  }

  //步骤 3 __umap_traits
  template <bool _Cache>
  using __umap_traits=__detail::_Hashtable_traits<_Cache,
false,true>;

  //步骤 4 _Hashtable_traits
  template <bool _Cache_hash_code,bool _Constant_iterators,
bool _Unique_keys>
  struct _Hashtable_traits {
    using __hash_cached=__bool_constant<_Cache_hash_code>;
//是否缓存哈希值
    using __constant_iterators=__bool_constant<_Constant_
iterators>;//是否是常量迭代器
    using __unique_keys=__bool_constant<_Unique_keys>;/*是
否是唯一的key*/
  };
```

有了以上脉络之后，可以推出在 unordered_multimap 中__umap_ traits 如下：

```
  template <bool _Cache>
  using __umap_traits=__detail::_Hashtable_traits<_Cache,
false,false>;
```

同理，再看 unordered_set 与 unordered_multiset 中的源码，会得到：

```
  //unordered_set
  template<bool _Cache>
  using __uset_traits=__detail::_Hashtable_traits<_Cache,
true,true>;

  //'unordered_multiset'
  template<bool _Cache>
  using __uset_traits=__detail::_Hashtable_traits<_Cache,
true,false>;
```

因此，可以得出如下 3 个结论：

（1）unordered_map 与 unordered_set 不允许 key 重复，而带 unordered_multixxx 的则允许 key 重复。

（2）unordered_map 对采用的迭代器是 iterator，而 unordered_set 对采用的迭代器是 const_iterator。

（3）unordered_map 对的 key 是 key，value 是 key+value，而 unordered_set 对的 key 是 value，value 也是 key。

三条结论中最后一条解释可以看__umap_hashtable 的模板参数，代码如下：

```
//unordered_map 对
using  __umap_hashtable=_Hashtable<_Key,std::pair<const
_Key,_Tp>...>;
//unordered_set 对
using __uset_hashtable=_Hashtable<_Value,_Value...>;
```

在代码中给_Hashtable 传递的模板参数除了必要部分，其余以…省略，可以看到 unordered_map 对中的 key 是 key，value 是 key+value 的 pair 对，而 unordered_set 对中，key 是 value，value 也是 key。

第4章　项 目 实 战

4.1　项 目 简 介

本项目是一个单进程的高铁/动车模拟抢票系统，在该系统中，用户可以输入自己的身份证与姓名，以及期望的座位类型，系统进行调度抢票，如果没有座位会显示相关提示信息，否则，给用户显示出票结果。

4.2　设计与实现

4.2.1　座位及用户设计与实现

在该项目中假定 1～2 车厢是商务座，3～4 车厢是一等座，其余车厢是二等座。对于车厢内的每一排，商务座有 A、C、F 位置，B、D、E 占位；一等座有 A、C、D、F 位置，B、E 占位；二等座有 A、B、C、D、F 位置，E 占位，如图 4.1 所示，×表示占位，其余表示可抢购的座位。

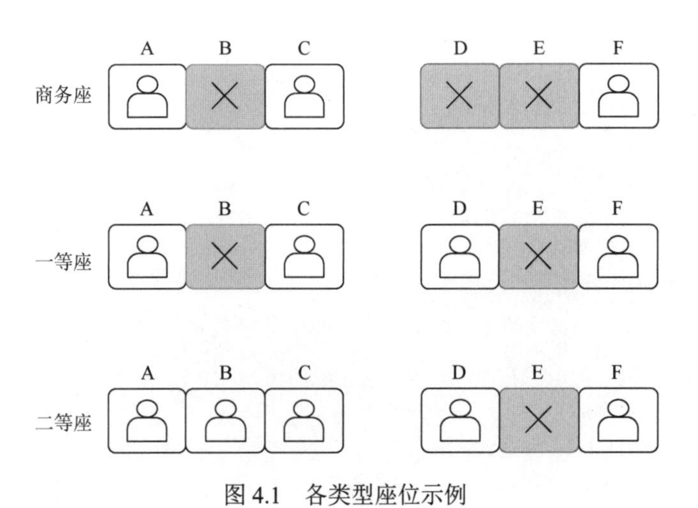

图 4.1　各类型座位示例

座位具有如下属性：

（1）座位类型（商务座、一等座、二等座）；

（2）座位是否空（true、false）；

（3）当前座位用户信息（user）。

因此，实现如下，这里采用结构体 seat 表示座位。

（1）type_表示座位类型，取值为 first、second、business。

（2）vacancy_表示座位是否空，取值为 true、false。

（3）user_表示用户信息，这里采用指针表示，取值为 nullptr、User*。

除了成员之外，添加构造、析构，为了方便输出座位信息，重载<<操作符。若座位空或者占位，则显示*，否则显示 x。

```
struct Seat {
  string type_;//first、second、business
  bool vacancy_;//true or false
  User* user_;
  Seat(): type_(""),vacancy_(true),user_(nullptr){}
  Seat(string  t,bool  v) :  type_(t),vacancy_(v),user_
(nullptr){}
  ~Seat(){
    if(user_)delete user_;
  }
  friend ostream& operator<<(ostream& os,Seat* st){
    if(st->vacancy_){
      os << "*";
    } else {
      os << "x";
    }
    return os;
  }
};
```

接下来看一下 User 实现，某个座位被某人抢购，这个人在抢购时，需要输入自己的姓名、身份证、期望座位类型。因此，在 User 中有 name_、id_、expSeatType_属性，构造、重载操作符<<。

```
struct User {
  string name_;
  string id_;
  string expSeatType_;
```

```
    User(): name_(""),id_(""),expSeatType_("first"){}
    User(string name,string id,string exp):name_(name),id_
(id),expSeatType_(exp){}
    friend ostream& operator<<(ostream& os,User* st){
      os << "user id=" << st->id_ << ",name=" << st->name_
<< ",expSeatType=" << st->expSeatType_;
      return os;
    }
    bool operator<(const User& u)const {
      return name_.length()< u.name_.length();
    }
};
```

4.2.2 高铁/动车设计与实现

1. 基本结构设计与实现

以 HighSpeedTrain 作为高铁/动车的类名，内部含有 User 与 Seat，在该类当中添加了总车厢、所有座位、商务座、一等座、二等座。

其中，总车厢表示高铁/动车总共的车厢，所有座位表示座位详细信息，商务座、一等座与二等座全部采用 Set 容器方便进行查询操作。

下面的类实现中给出了内部实现与定义，构造函数中使用 new 初始化所有座位，析构函数释放分配的内存。

```
class HighSpeedTrain {
 private:
  struct User {};     //见 4.2.1 节
  struct Seat {};     //见 4.2.1 节
  int totalCar_;      //总车厢
  vector<vector<Seat*>> seats_;    //所有座位
  set<char> business_;             //商务座
  set<char> first_;                //一等座
  set<char> second_;               //二等座
 public:
  HighSpeedTrain(int totalCar){//哪几个车厢表示座位类型
    totalCar_=totalCar;
```

```
        business_=set<char>{'A','C','F'};
        first_=set<char>{'A','C','D','F'};
        second_=set<char>{'A','B','C','D','F'};

        seats_=vector<vector<Seat*>>(totalCar,vector<Seat*>
(6));
    //1-2 车厢 商务座
    //3-4 车厢 一等座
    //5-7 车厢 二等座
    //1.商务座初始化
        bool vacancy=true;
        for(int i=0;i < totalCar;i++){
          for(int j=0;j <=5;j++){
            if(i < 2){
              vacancy=business_.count('A'+j)? true:false;
              seats_[i][j]=new Seat("business",vacancy);
            } else if(i < 4){
              vacancy=first_.count('A'+j)? true:false;
              seats_[i][j]=new Seat("first",vacancy);
            } else {
              vacancy=second_.count('A'+j)? true:false;
              seats_[i][j]=new Seat("second",vacancy);
            }
          }
        }
      }
      ~HighSpeedTrain(){
        for(int i=0;i < totalCar_;i++){
          for(int j=0;j <=5;j++){
            delete seats_[i][j];
          }
        }
      }
    };
```

为了方便查看初始状态下的运行结果，我们实现 printSeats 成员函数。

```
/**
 * @description:*表示该位置空,x 表示该位置有人
 * @param {*}
 * @return {*}
 */
void printSeats(){
  cout << "*** print whether all seats are vacant ***" << endl;
  cout << "    A B C D E F" << endl;
  //车厢小于 100
  for(int i=0;i < totalCar_;i++){
    cout << i+1;
    //对齐
    if(i >=9){
      cout << "   ";
    } else {
      cout << "    ";
    }
    for(int j=0;j <=5;j++){
      cout << seats_[i][j] << " ";
    }
    cout << endl;
  }
}
```

在这里进行一个测试，调用前面的实现。

```
int totalCar;
cout << "Please input total car:";
cin >> totalCar;
HighSpeedTrain* hstrain=new HighSpeedTrain(totalCar);
hstrain->printSeats();
```

输出：

```
Please input total car:7
*** print whether all seats are vacant ***
    A B C D E F
1   * x * x x *
```

```
2    * x * x x *
3    * x * * x *
4    * x * * x *
5    * * * * x *
6    * * * * x *
7    * * * * x *
```

输出结果中，*表示用户可以抢票的位置；x 表示占位，当前用户不可抢票或已经被别人占位。上述显示的便是初始状态下的 7 个车厢的座位情况。可以参见图 4.1 与表 4.1 验证我们的实现。

表 4.1 车厢座位类型对应表

座位类型	对应车厢	空余座位	占位
商务座（business）	1～2	A、C、F	B、D、E
一等座（first）	3～4	A、C、D、F	B、E
二等座（second）	>=5	A、B、C、D、F	E

2. 单用户抢票设计与实现

在本节当中，将带大家一起实现单用户抢票，具体逻辑为用户输入基本信息，系统进行抢票并显示最终抢票结果。

所以这里抽出以下接口：

```
class HighSpeedTrain {
  private:
   map<string,pair<User*,int>> user_pos_;   //用户所在座位
  public:
   void singleSnapUpSeats();               //单用户抢票主入口
   User* inputUserInfo();                      //输入用户信息
   void snapUpSeats(User* user);               //抢票及更新
   int getVacanctPos(User* user);              //二分搜索座位
   int recursionGetPos(User* user,int l,int r);  /*递归搜索座位*/
};
```

输入用户信息部分比较独立，直接输入用户的基本信息，最后返回用户数据。

```
/**
```

```
 * @description:用户输入
 * @param {*}
 * @return {User*}
 */
User* inputUserInfo(){
  string name,id,type;
  cout << "*** Please input user information ***" << endl;
  cout << "Please input user's name:";
  cin >> name;
  cout << "Please input id card:";
  cin >> id;
  cout << "Please input seat type:";
  cin >> type;
  User* user=new User(name,id,type);
  return user;
}
```

接下来看单用户抢票主入口，在 singleSnapUpSeats 中直接调用用户输入与抢票操作。

```
/**
 * @description: 单人抢票
 * @param {*}
 * @return {*}
 */
void singleSnapUpSeats(){
  User* user=inputUserInfo();
  snapUpSeats(user);
}
```

抢票操作实现中首先调用 getVacanctPos 来获取可用的座位 index，如果是可用的，则更新 user_pos_，user_pos_的 key 是用户的 ID，value 为用户与座位构成的 pair 对象。

```
/**
 * @description:抢票并存储
 * @param {User* user}
 * @return {*}
 */
```

```
void snapUpSeats(User* user){
  int rc=getVacanctPos(user);
  string ticket=to_string(rc/6+1)+char(rc % 6+'A');
  if(rc==-1){
    cout << "snap up seats failed,there are no vacant seats"
<< endl;
  } else {
    cout << "snap up seats ok,seat is " << ticket << endl;
    user_pos_[user->id_]=make_pair(user,rc);
  }
}
```

在getVacanctPos中，根据用户在前面输入的基本信息，取出左右边界如下。

（1）商务座（1～2车厢）。

```
l=0,r=2 * 6 - 1;
```

（2）一等座（3～4车厢）。

```
l=2 * 6,r=4 * 6 - 1;
```

（3）二等座（≥5车厢）。

```
l=4 * 6,r=totalCar_ * 6 - 1;
```

因此实现如下：

```
int getVacanctPos(User* user){
  int l,r;
  if(user->expSeatType_=="business"){
    l=0,r=2 * 6 - 1;
  } else if(user->expSeatType_=="first"){
    l=2 * 6,r=4 * 6 - 1;
  } else {
    l=4 * 6,r=totalCar_ * 6 - 1;
  }
  return recursionGetPos(user,l,r);
}
```

有了左右边界之后，要进行二分，这里的二分条件为当前座位是否为空。

（1）座位为空，表示可用，返回。

（2）座位不为空，划分[l, mid−1]与[mid, r]两个区间，进一步搜索。

最终，返回如果是−1，表示无可用座位，否则，找到可用座位。

```
int recursionGetPos(User* user,int l,int r){
```

```
  if(l > r)return -1;
  int mid=l + r >> 1;
  int row=mid / 6,col=mid % 6;
  int res=-1;
  if(seats_[row][col]->vacancy_){
    seats_[row][col]->vacancy_=false;
    seats_[row][col]->user_=user;
    seats_[row][col]->type_=user->expSeatType_;
    res=mid;
  } else {
    res=recursionGetPos(user,l,mid-1);
    if(res==-1){
      res=recursionGetPos(user,mid+1,r);
    }
  }
  return res;
}
```

这些接口实现完毕后，我们来进行测试。

```
int totalCar;
cout << "Please input total car:";
cin >> totalCar;
HighSpeedTrain* hstrain=new HighSpeedTrain(totalCar);
hstrain->printSeats();
hstrain->singleSnapUpSeats();
hstrain->printSeats();
```

输出:

```
Please input total car:7
*** print whether all seats are vacant ***
    A B C D E F
1   * x * x x *
2   * x * x x *
3   * x * * x *
4   * x * * x *
5   * * * * x *
6   * * * * x *
```

```
7    * * * * x *
*** Please input user information ***
Please input user's name:light
Please input id card:12345678901234O987
Please input seat type:business
snap up seats ok,seat is 1F
*** print whether all seats are vacant ***
     A B C D E F
1    * x * x x x
2    * x * x x *
3    * x * * x *
4    * x * * x *
5    * * * * x *
6    * * * * x *
7    * * * * x *
```

在以上输出中，先输出一开始的车厢座位情况，再根据用户输入的期望座位进行抢票，可以看到出票信息是1F座位。

3. 单用户释放座位设计与实现

前面实现中，我们针对单用户，占了一个座位，并存储到内存当中，模拟真实场景需求，如果想退票，系统是否也可以支持呢？

本节将根据用户输入的ID释放占用的座位。我们来看一下接口：

```
bool releaseSeatByUser();        //主入口
string inputUserId();            //输入用户 ID
bool releaseSeat(string id);     //根据 ID 释放座位
```

用户输入比较简单，直接返回ID即可。

```
string inputUserId(){
  string id;
  cout << "Please enter the id of the user to be deleted:";
  cin >> id;
  return id;
}
```

根据前面的ID，删除内存的抢票信息。具体实现为释放当前用户ID所对应的座位当中存储的用户信息，即释放掉所占用座位的用户信息，最后将该座位设置为可用，输出信息即可。

```
bool releaseSeat(string id){
  if(!user_pos_.count(id)){
    cout << "not found" << endl;
    return false;
  }
  string ticket=to_string(user_pos_[id].second/6+1)+char
(user_pos_[id].second % 6+'A');
  Seat* st=seats_[user_pos_[id].second/6][user_pos_[id].
second % 6];
  delete st->user_;//释放掉所占用座位的用户信息
  st->vacancy_=true;//可用
  cout << "user id=" << id << ",ticket=" << ticket << ",
release seat by user ok" << endl;
  return true;
}
```

最后，我们来测试一下：

```
int totalCar;
cout << "Please input total car:";
cin >> totalCar;
HighSpeedTrain* hstrain=new HighSpeedTrain(totalCar);
hstrain->printSeats();
hstrain->singleSnapUpSeats();
hstrain->printSeats();
hstrain->releaseSeatByUser();
hstrain->printSeats();
```

在下面的输出结果中，我们可以看到占用的座位被正常释放，输出也被还原。

```
Please input total car:7
*** print whether all seats are vacant ***
    A B C D E F
1   * x * x x *
2   * x * x x *
3   * x * * x *
4   * x * * x *
5   * * * * x *
6   * * * * x *
```

```
7    * * * * x *
*** Please input user information ***
Please input user's name:light
Please input id card:12345678901234O987
Please input seat type:business
snap up seats ok, seat is 1F
*** print whether all seats are vacant ***
     A B C D E F
1    * x * x x x
2    * x * x x *
3    * x * * x *
4    * x * * x *
5    * * * * x *
6    * * * * x *
7    * * * * x *
Please enter the id of the user to be deleted:
12345678901234O987
user id=12345678901234O987,ticket=1F,release seat by user
ok
*** print whether all seats are vacant ***
     A B C D E F
1    * x * x x *
2    * x * x x *
3    * x * * x *
4    * x * * x *
5    * * * * x *
6    * * * * x *
7    * * * * x *
```

4. 多用户抢票设计与实现

有了单用户操作之后，我们便可以轻松地对多个用户进行抢票、释放，接口定义如下：

```
class HighSpeedTrain {
 private:
```

```
  vector<User *> users_;          //批量抢座用户数据
 public:
  void batchSnapUpSeat();         //主入口
  void inputBatchUserInfo();      //批量用户输入
  void printBatchUserSeats();     //批量座位输出
};
```

首先来看一下批量用户输入，在该函数中，采用了 lambda 函数，输出用户信息操作。值得注意的是，这里限制批量操作的用户数量为 5 个以内，用户输入的所有信息都存储在 users_中。

```
/**
 * @description:批量用户输入
 * @param {*}
 * @return {*}
 */
void inputBatchUserInfo(){
  int n;
  do {
    cout << "Please enter the number of users(number <=5):";
    cin >> n;
  } while(n > 5);

  cout << n << endl;
  for(int i=0;i < n;i++){
    User* user=inputUserInfo();
    users_.push_back(user);
  }

  cout << "Output batch users" << endl;
  auto printBatchUsers=[this](){
    for(auto user:this->users_){
      cout << user << endl;
    }
  };
  printBatchUsers();
}
```

接下来，看一下主入口，在该函数中实现非常简单，直接调用之前的单个用户抢票操作即可，最后输出批量座位结果。

```
/**
 * @description:批量用户抢座
 * @param {*}
 * @return {*}
 */
void batchSnapUpSeat(){
  inputBatchUserInfo();
  for(auto user:this->users_){
    snapUpSeats(user);
  }
  printBatchUserSeats();
}
```

批量座位输出操作，直接循环输出即可。

```
/**
 * @description:输出批量座位信息
 * @param {*}
 * @return {*}
 */
void printBatchUserSeats(){
  for(auto u:users_){
    cout << u;
    string ticket=
        to_string(user_pos_[u->id_].second/6+1)+char(user_
pos_[u->id_].second % 6 + 'A');
    cout << ",seat ticket is " << ticket << endl;
  }
}
```

测试如下，直接调用 batchSnapUpSeat 函数即可。

```
int totalCar;
cout << "Please input total car:";
cin >> totalCar;
HighSpeedTrain* hstrain=new HighSpeedTrain(totalCar);
hstrain->printSeats();
```

```
hstrain->batchSnapUpSeat();
hstrain->printSeats();
```

输出结果如下所示，可以看到抢购到3张票，分别是3F、6C、3C。

```
Please input total car:7
*** print whether all seats are vacant ***
    A B C D E F
1   * x * x x *
2   * x * x x *
3   * x * * x *
4   * x * * x *
5   * * * * x *
6   * * * * x *
7   * * * * x *
Please enter the number of users(number <=5):3
3
*** Please input user information ***
Please input user's name:light
Please input id card:1
Please input seat type:first
*** Please input user information ***
Please input user's name:light1
Please input id card:2
Please input seat type:second
*** Please input user information ***
Please input user's name:light2
Please input id card:3
Please input seat type:first
Output batch users
user id=1,name=light,expSeatType=first
user id=2,name=light1,expSeatType=second
user id=3,name=light2,expSeatType=first
snap up seats ok,seat is 3F
snap up seats ok,seat is 6C
snap up seats ok,seat is 3C
user id=1,name=light,expSeatType=first,seat ticket is 3F
```

```
user id=2,name=light1,expSeatType=second,seat ticket is 6C
user id=3,name=light2,expSeatType=first,seat ticket is 3C
*** print whether all seats are vacant ***
    A B C D E F
1   * x * x x *
2   * x * x x *
3   * x x * x x
4   * x * * x *
5   * * * * x *
6   * * x * x *
7   * * * * x *
```

5. 多用户释放座位设计与实现

多用户释放座位调用单用户释放座位接口，这里新增接口如下所示：

```
class HighSpeedTrain {
 private:
  vector<string> release_users_;//释放座位用户 id 列表
 public:
  void releaseSeatByBatchUser();//主入口
};
```

首先将释放的用户 ID 存储到 release_users_，随后调用 releaseSeat 即可。

```
void releaseSeatByBatchUser(){
  int n;
  do {
    cout << "Please enter the number of users(number <=5):";
    cin >> n;
  } while(n > 5);

  cout << n << endl;
  for(int i=0;i < n;i++){
    string id=inputUserId();
    release_users_.push_back(id);
  }

  for(auto id:this->release_users_){
```

```
    releaseSeat(id);
  }
}
```

最后，我们来测试一下：

```
hstrain->releaseSeatByBatchUser();
hstrain->printSeats();
```

可以看到前面批量抢购的座位 3F、6C、3C 都已经释放成功。

```
Please enter the number of users(number <=5):3
3
Please enter the id of the user to be deleted:1
Please enter the id of the user to be deleted:2
Please enter the id of the user to be deleted:3
user id=1,ticket=3F,release seat by user ok
user id=2,ticket=6C,release seat by user ok
user id=3,ticket=3C,release seat by user ok
*** print whether all seats are vacant ***
    A B C D E F
1   * x * x x *
2   * x * x x *
3   * x * * x *
4   * x * * x *
5   * * * * x *
6   * * * * x *
7   * * * * x *
```

至此，本项目讲解完毕。

参 考 文 献

钱能，2005. C++程序设计教程. 2 版. 北京：清华大学出版社：6-7.

Bodybo，2017. Vim+Doxygen 实现注释自动生成. https://blog.csdn.net/bodybo/article/details/78685640 [2017-12-01].

ISO，2011. Information technology—Programming languages—C++：ISO/IEC 14882—2011.